科学のアルバム

ヤドカリ

川嶋一成

あかね書房

もくじ

監修●国立科学博物館 武田正倫
写真提供●小池康之
編集協力●渡辺一夫
イラスト●森上義孝 むかいながまさ 渡辺洋二 林 四郎
装丁●画工舎

科学のアルバム

ヤドカリ

川嶋一成（かわしま　かずなり）

一九四一年、東京都渋谷《しぶや》区笹塚《ささづか》に生まれる。

小さいころから、自然《しぜん》の世界と写真に興味《きょうみ》をもつ。

中学時代、クストーの映画《えいが》「沈黙《ちんもく》の世界」をみて感激《かんげき》、いつの日か、海の自然に接《せっ》しようと思う。

電気関係の仕事のかたわら、一九六六年、東京綜合《そうごう》写真専門学校で写真を学ぶ。

そのとき、自分の写真のテーマは、海であると決心する。

以後《いご》、海の写真を撮《と》りつづけ、発表している。

著書《ちょしょ》に「海辺の生き物」（成美堂出版・武田正倫　解説）などがある。

潮《しお》だまりをのぞきこむと、
巻《ま》き貝《がい》があわてて動《うご》きだしました。
貝《かい》の動《うご》きにしては少《すこ》しへんです。
よくみるとヤドカリです。
どんなくらしをしているのか、
しらべてみましょう。

→潮《しお》だまりの底《そこ》からみあげた空《そら》。上《うえ》からはみえなかった岩《いわ》かげに、ヤドカリが集《あつ》まっています。

←さまざまな貝《かい》がらにはいっているホンヤドカリ。生《い》きている貝《かい》であれば、ちがう種類《しゅるい》のものが、このように一か所《しょ》に集《あつ》まることはありません。

潮《しお》の満《み》ち干《ひ》とヤドカリ

海岸《かいがん》には、満潮《まんちょう》のときは海面《かいめん》にかくれ、干潮《かんちょう》になると干《ひ》あがる場所《ば》があります。ここは潮間帯《ちょうかんたい》とよばれ、潮《しお》が引《ひ》いたあとに、大小《だいしょう》の潮《しお》だまりができます。

この潮《しお》だまりで、巻《ま》き貝《がい》のからにはいったたくさんのヤドカリの姿《すがた》をみることができます。

ヤドカリは、潮《しお》が満《み》ちて潮《しお》だまりに新《あたら》しい海水《かいすい》がはいってくると、えさをもとめて水中《すいちゅう》の岩《いわ》の上《うえ》にでてきます。やがて満潮《まんちょう》になると、食事《しょくじ》をすませたヤドカリは、貝《かい》が

らをさがしたりして動《うご》きまわります。潮《しお》が引《ひ》きだすと、岩《いわ》の下《した》や深《ふか》みに移《い》動《どう》します。潮《しお》だまりがあちこちにできるころ、潮《しお》にとりのこされたヤドカリは、岩《いわ》の下《した》にかくれて、つぎの満《まん》潮《ちょう》をまちます。

このように、ヤドカリは、潮《しお》の満《み》ち干《ひ》にあわせて、くらしているのです。

⬆潮《しお》だまりの中《なか》。手《て》ごろな貝《かい》がらがなく，ぼろぼろの貝《かい》を利《り》用《よう》しているヤドカリもいます。ヤドカリも住《じゅう》宅《たく》難《なん》のようです。

緑色《みどりいろ》っぽい地《じ》にこいオレンジ色《いろ》のはんもんがめだつイトマキヒトデ。うでの間《あいだ》の切《き》れこみが浅《あさ》いのが特徴《とくちょう》。

枝《えだ》にたくさんのイソギンチャクをつけたようなイソバナ。潮《しお》の流《なが》れのはやいところで生活《せいかつ》しています。

潮《しお》だまりにすむなかまたち

潮《しお》だまりは、潮《しお》の満《み》ち干《ひ》による環境《かんきょう》の変化《へんか》だけでなく、天候《てんこう》によるえいきょうもうけます。

雨《あめ》がふると、海水《かいすい》の塩分《えんぶん》はうすめられます。晴天《せいてん》だと、海水《かいすい》は太陽《たいよう》にあたためられて水分《すいぶん》が蒸発《じょうはつ》し、塩分《えんぶん》がこくなります。

このように潮《しお》だまりは、生物《せいぶつ》たちにとって、けっしてすみやすい場所《ばしょ》ではありません。ところが、潮《しお》だまりにはヤドカリだけでなく、さまざまな生物《せいぶつ》がすんでいます。

いその岩《いわ》のわれめで，くだにはいってすむケヤリムシ。ふさのようなえらで呼吸《こきゅう》します。

↑アオウミウシ。貝《かい》がらをもたない貝類《かいるい》のなかまです。

↑干潮《かんちょう》になってできた潮《しお》だまり。岩《いわ》に①クロフジツボ，②ダイダイイソカイメン，③ヒザラガイなどがついています。

↑背《せ》びれと胸《むな》びれに毒《どく》のとげをもつゴンズイ。幼魚《ようぎょ》の群《む》れは，ゴンズイダマといいます。

←すきとおった体《からだ》のイソスジエビ。岩《いわ》かげや海《かい》藻《そう》の間《あいだ》にいます。

↑体《からだ》の色《いろ》がさまざまなヒライソガニ。日本《にっぽん》の海《うみ》のいそでごくふつうにみられます。

→岩《いわ》のわれめに群《む》れてくっついているカメノテ。潮《しお》が満《み》ちると，くま手《で》のようなつるあしをだして，プランクトンをとります。

➡冬《ふゆ》のいその潮《しお》だまりには、アオサが緑《みどり》のじゅうたんをしきつめたようにしげっています。強《つよ》い波《なみ》にあらわれても流《なが》されないように、岩《いわ》にはりついています。

産卵《さんらん》の季節《きせつ》

海辺《うみべ》の春《はる》は、陸上《りくじょう》の春《はる》より一足《ひとあし》はやくおとずれます。海藻《かいそう》は、秋《あき》から芽《め》ぶき、冬《ふゆ》から春《はる》にかけて繁殖《はんしょく》します。そのため、陸上《りくじょう》ではまだ寒《さむ》い冬《ふゆ》でも、海辺《うみべ》の潮間帯《ちょうかんたい》には緑色《みどりいろ》のアオサがはえ、春《はる》の景色《けしき》がひろがります。

小《ちい》さなアメフラシは、このアオサを食《た》べて大《おお》きくなり、春《はる》には黄色《きいろ》いそうめんのような卵《たまご》のかたまりをうみます。

このころ、ヤドカリの一種《いっしゅ》、ホンヤドカリも繁殖期《はんしょくき》にはいります。

春《はる》は、昼間《ひるま》の時間帯《じかんたい》に潮《しお》がよく引《ひ》くので、このような海辺《うみべ》の生物《せいぶつ》の産卵《さんらん》や卵《たまご》の観察《かんさつ》をするには、もっとも適《てき》した季節《きせつ》です。

砂《すな》ぢゃわんとよばれるツメタガイの卵《たまご》のかたまり，卵《たまご》は砂《すな》とねん液《えき》でかためられています。

岩《いわ》の上《うえ》のカラマツガイと指輪《ゆびわ》のような形《かたち》の卵《たまご》のかたまり。産卵《さんらん》は春《はる》さきの２月《がつ》から６月《がつ》です。

海《うみ》そうめんとよばれているアメフラシの卵《たまご》のかたまり。

アメフラシは，海《うみ》の牧《ぼく》草《そう》ともいえるアオサを食《た》べてそだちます。春《はる》さきの２月《がつ》から７月《がつ》，海岸《かいがん》に集《あつ》まり交尾《こうび》，産《さん》卵《らん》をします。

●ホンヤドカリのおすとめす。大《おお》きいおすが小《ちい》さなめすの貝《かい》がらの入《い》り口《ぐち》のふちをつかんでいます。

↑危険《きけん》を感《かん》じて，からの中《なか》に引《ひ》っこむときでも，ヤドカリのおすはめすをはなしません。
←めすのヤドカリの貝《かい》がらから成熟《せいじゅく》したオレンジ色《いろ》の卵《たまご》がのぞいています。卵《たまご》にきれいな水《みず》がいくように，身《み》をのりだしているのです。

ホンヤドカリの夫婦《ふうふ》

冬《ふゆ》から春《はる》にかけて、潮《しお》だまりをのぞくと、大《おお》きなヤドカリが小《ちい》さなヤドカリを引《ひ》きまわしているのをみることがあります。小《ちい》さなヤドカリが、いじめられているのではありません。ホンヤドカリのおすが、ふ化《か》ま近《ぢか》の卵《たまご》をだいためすを、つれて歩《ある》いているのです。

めすがつけている卵《たまご》は、すでに別《べつ》のおすと交接《こうせつ》して成熟《せいじゅく》した受精卵《じゅせいらん》です。おすは、この卵《たまご》がぶじにかえるまでめすをはなしません。

ほかのおすが、めすをうばおうとすることがあります。このようなときは、おすは左《ひだり》のはさみでめすをつかんだまま、大《おお》きな右《みぎ》のはさみで相手《あいて》をつきとばして追《お》いはらいます。

➡貝《かい》がらを切《き》って、ホンヤドカリの卵《たまご》のようすをみたところ。うみたての卵《たまご》は、黒《くろ》っぽい紫《むらさき》色《いろ》をしています。ホンヤドカリは、一ぴきのめすが、一度《ど》に七百《ひゃく》から八百《びゃっ》個《こ》ほどの卵《たまご》をだきます。

ゾエアの誕生《たんじょう》と新《あら》たな産卵《さんらん》

おすがつれ歩《ある》いていためすは、大潮《おおしお》の夜《よる》、満潮《まんちょう》になるのをまって、ゾエアとよばれる幼生《ようせい》を、広《ひろ》い海《うみ》にはなちます。

卵《たまご》からかえったばかりのゾエアは、体《たい》長《ちょう》はわずか二ミリメートルほど。親《おや》のヤドカリとはまったくちがった形《かたち》をしています。このように、親《おや》とおなじ形《かたち》になる前《まえ》の状態《じょうたい》を幼生《ようせい》といいます。

ゾエアを海《うみ》に送《おく》りだすとすぐに、めすの体内《たいない》にはつぎにうむ卵《たまご》が用意《ようい》されます。すると、めすはそれまでいっしょだったおすをさそい、交接《こうせつ》をします。交接《こうせつ》は、貝《かい》がらからのりだしてします。

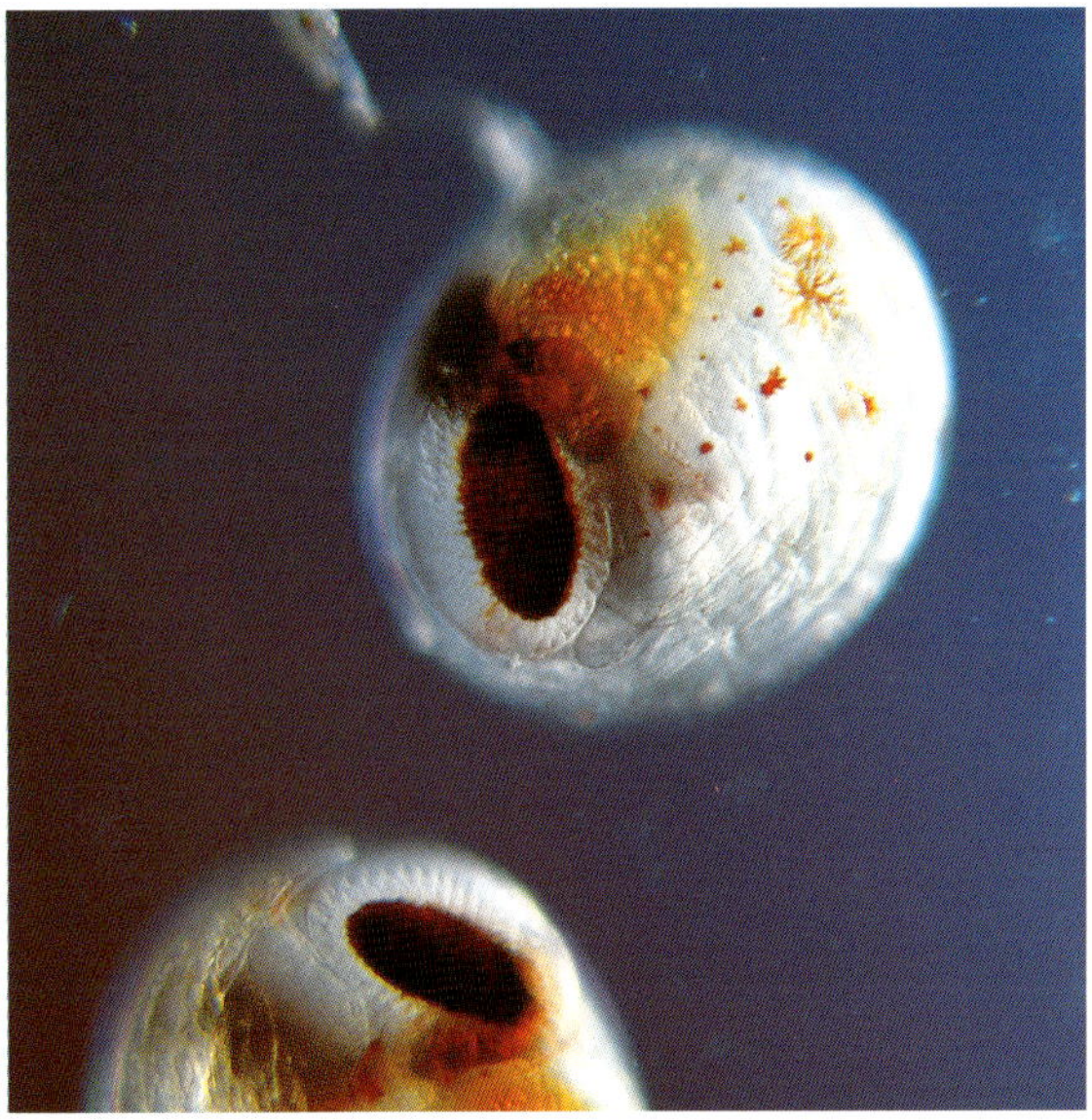

↑やがて，卵《たまご》の中《なか》で目《め》ができます。

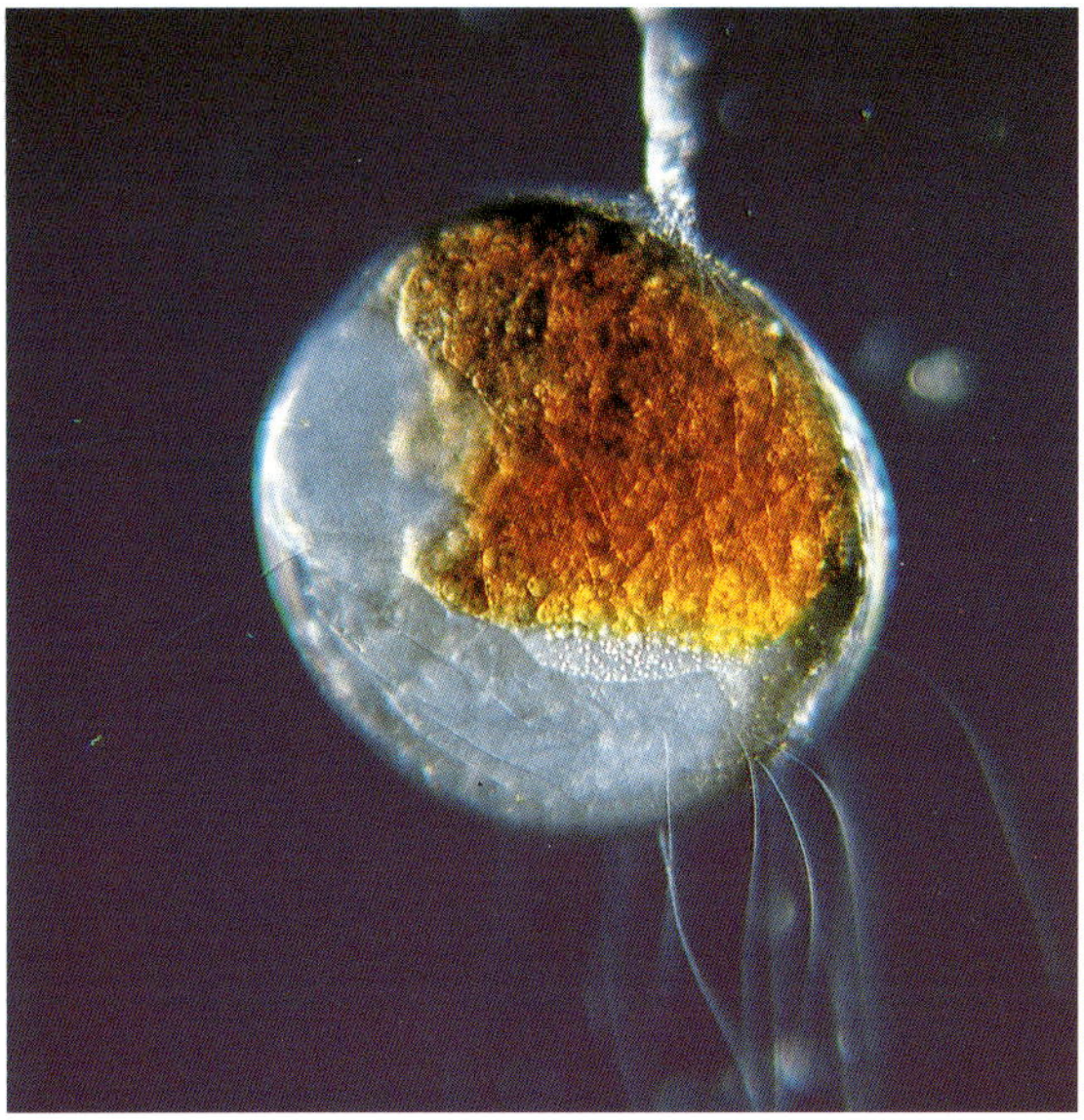

↑ホンヤドカリの卵《たまご》は，日《ひ》がたつにつれてすきとおり，だいだい色《いろ》の体《からだ》ができてきます。

交接《こうせつ》後《ご》しばらくして、おすとめすはわかれていきます。やがて卵《たまご》が成熟《せいじゅく》すると、こんどは新《あたら》しいおすがやってきて、卵《たまご》をだいためすといっしょになります。

このように、ホンヤドカリでは十月《がつ》からよく年《ねん》の五月《がつ》ごろまで、数回《すうかい》の産卵《さんらん》とゾエアの誕生《たんじょう》がみられます。

↓交接《こうせつ》してから20日《か》めくらいに，卵《たまご》からかえったゾエア。

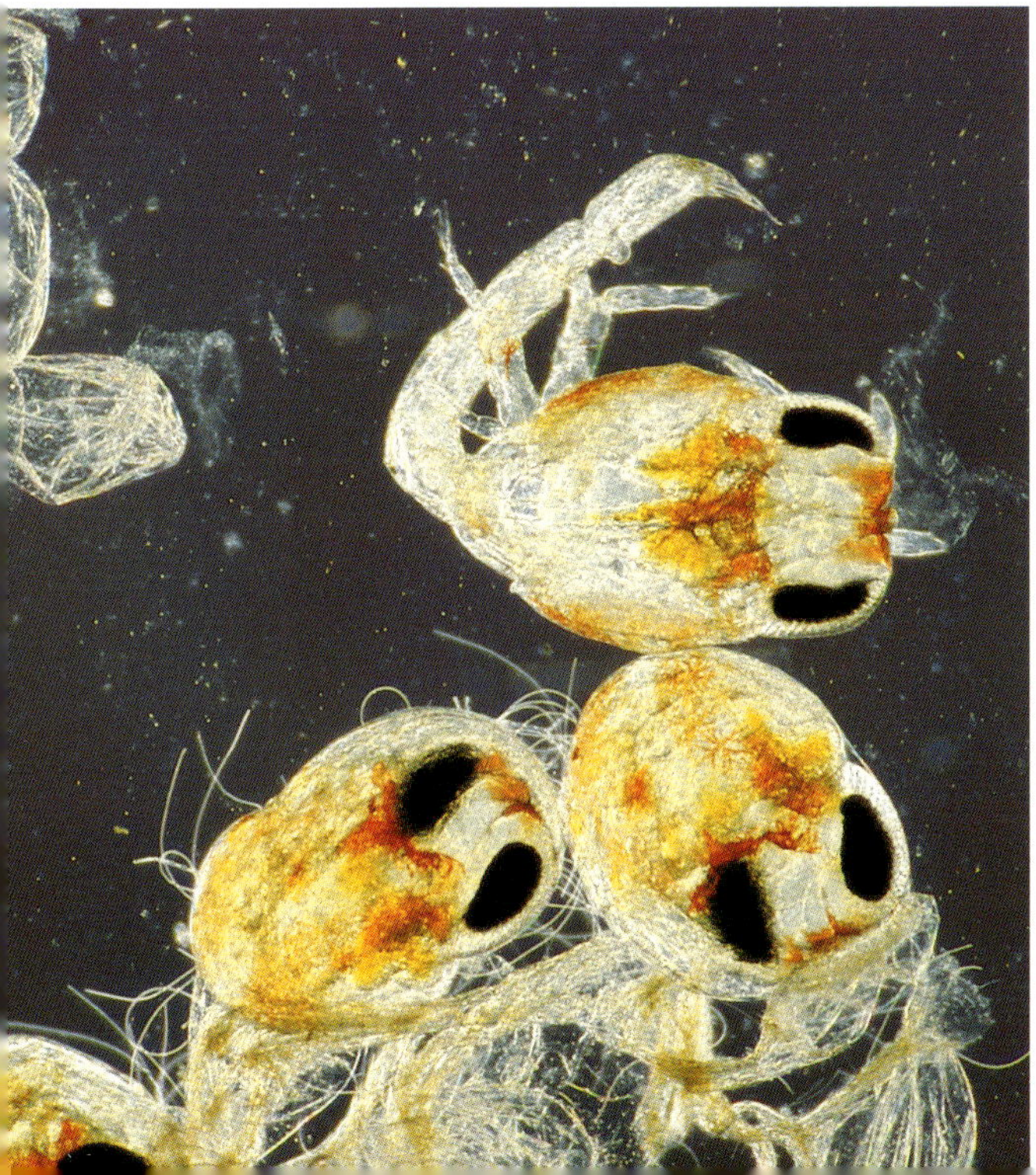

⬅イソヨコバサミのゾエアの誕生《たんじょう》。めすは貝《かい》がらから体《からだ》をのりだして、いきおいよく腹《はら》をふるわせます。すると、卵《たまご》からかえった二ミリメートルほどのゾエアが、海中《かいちゅう》にはなたれます。

➡ふ化《か》してから三回《かい》の脱皮《だっぴ》をくりかえすと、ゾエアは、少《すこ》しヤドカリの形《かたち》に近《ちか》い、グラウコトエという幼生《ようせい》になります。

幼生《ようせい》からヤドカリへ

海《うみ》にはなたれたゾエアは、引《ひ》き潮《しお》にのりながら沖《おき》のほうへと泳《およ》いでいきます。ゾエアは、腹《はら》をまげのばしさせながら、水中《すいちゅう》を泳《およ》ぎます。

ゾエアはおよそ一か月間《げつかん》、海中《かいちゅう》をただよって生活《せいかつ》します。そして、海底《かいてい》で三回《かい》ほど脱皮《だっぴ》をします。しかし、この間《あいだ》に、ゾエアの多《おお》くは魚《さかな》のえさになってしまいます。

生《い》き残《のこ》ったゾエアは、親《おや》の形《かたち》に近《ちか》いグラウコトエという幼生《ようせい》になり、こんどは海岸《かいがん》に向《む》かって泳《およ》ぎだします。海岸《かいがん》にたどり着《つ》くと、グラウコトエは脱皮《だっぴ》をして、小《ちい》さなヤドカリになります。

↑海岸《かいがん》にたどりついたグラウコトエは，脱皮《だっぴ》をして全長《ぜんちょう》３㎜ほどの小《ちい》さなヤドカリになります。ヤドカリになると泳《およ》ぐことができなくなり，歩《ある》きまわって，自分《じぶん》の体《からだ》にぴったりあう貝《かい》がらをさがします。方眼紙《ほうがんし》の１めもりは１㎜です。

←おとなヤドカリのからの上《うえ》にのった子《こ》どものヤドカリ。動作《どうさ》は，おとなのヤドカリとまったくおなじです。

➡ヤドカリが貝《かい》がらから体《からだ》をだしたところ。巻《ま》き貝《がい》の中《なか》がからっぽになっています。

⬇ヤドカリが貝《かい》がらに体《からだ》を引《ひ》っこめたところ。貝のじくに腹《はら》が巻《ま》きついています。

ヤドカリの体《からだ》

ヤドカリのはさみや目《め》、じょうぶなかたいからは、カニにそっくりです。しかも、長《なが》いひげは、エビににています。

それなのに、なぜ貝《かい》を宿《やど》にしているのでしょうか。そのわけは、ヤドカリを貝《かい》がらからだしてみればわかります。

ヤドカリのやわらかい腹《はら》には、それをまもるかたいからがついていません。だから腹《はら》をしまっておく、貝《かい》がらが必要《ひつよう》なのです。

また、ヤドカリの腹《はら》は、右《みぎ》にくるりとまがっています。これは、海《うみ》にすむ巻《ま》き貝《がい》が、ほとんど右《みぎ》巻《ま》きであることと関係《かんけい》があるのかもしれません。

腹《はら》の側《がわ》からみたホンヤドカリの体《からだ》。うしろの2対《つい》の小《ちい》さなあしで，貝《かい》がらの中《なか》で動《うご》いたり，体《からだ》をささえたりします。

背中側《せなかがわ》からみたホンヤドカリの体《からだ》。エビやカニとちがい，腹《はら》の部分《ぶぶん》は左右対称《さゆうたいしょう》でなく，腹《はら》はまがっています。

イソヨコバサミの腹《はら》の先端《せんたん》。尾節《びせつ》の横《よこ》についている尾肢《びし》はやすりのようになっていて，体《からだ》が貝《かい》がらから，かんたんにぬけないように，おさえる役目《やくめ》をします。

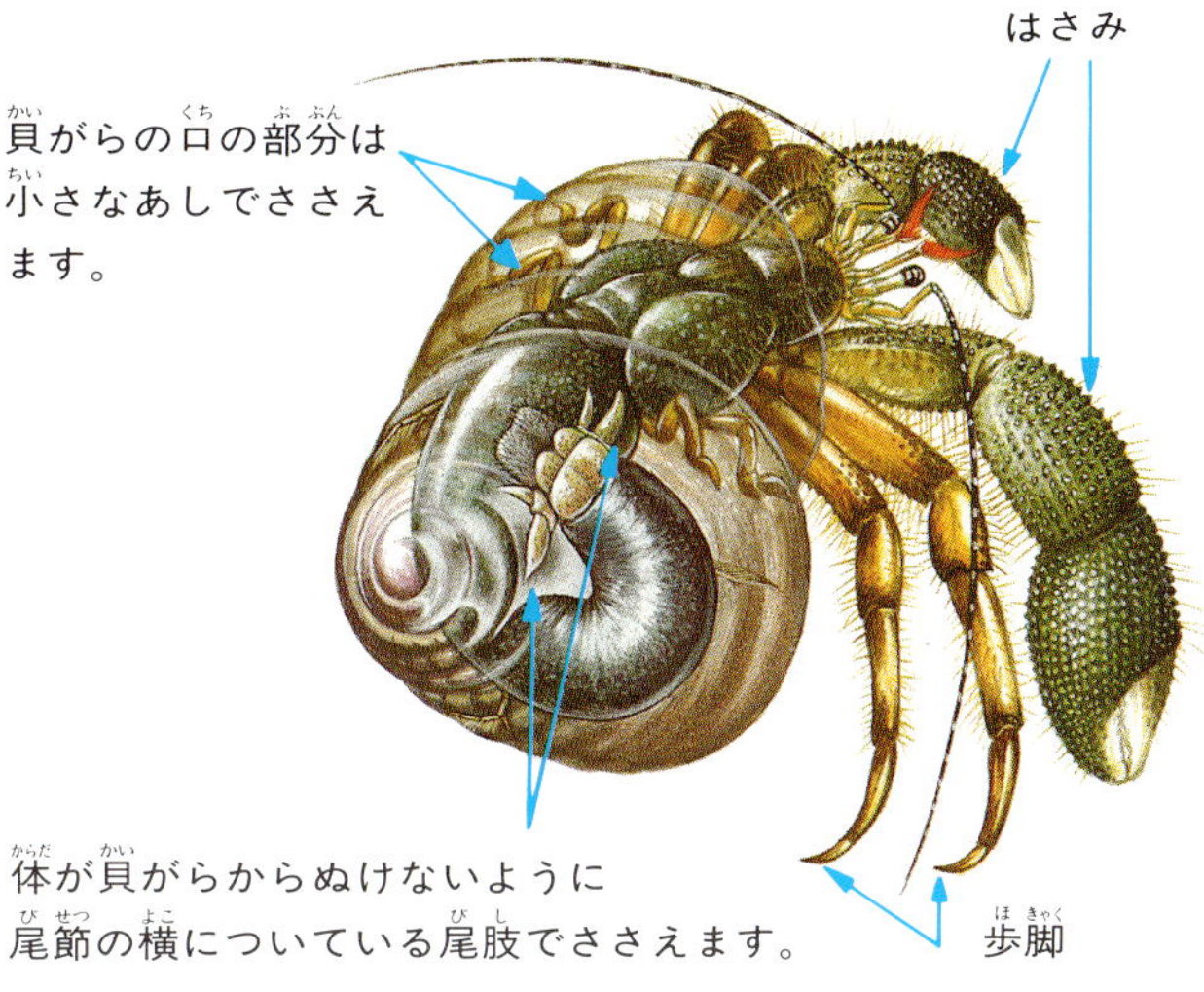

貝《かい》がらの中《なか》で体《からだ》をささえるしくみ。

イシダタミヤドカリの第一触角《だいいちしょっかく》（↓）と，長《なが》い第二触角《だいにしょっかく》（↓）。

ホンヤドカリの目《め》。１つ１つの個眼《こがん》は，六角形《かくけい》をしていて，約《やく》2000個《こ》あります。

ヤドカリの目《め》と触角《しょっかく》

ヤドカリの目《め》は、昆虫《こんちゅう》などの目《め》とおなじで、たくさんの個眼《こがん》が集《あつ》まった複眼《ふくがん》です。この目《め》は、体《からだ》からつきでたえにくっついています。そして、からに引《ひ》っこむとき、つきでた目《め》がひっかからないように、えが前《まえ》にたおれます。

水中《すいちゅう》のにおいをかぐのは、目《め》の内側《うちがわ》にある一対《つい》の第一《だいいち》触角《しょっかく》です。先《せん》たんが羽毛《うもう》のような触角《しょっかく》をいつも動《うご》かし、においをたよりにえさのありかをさがしあてます。

さわってものを感《かん》じる器官《きかん》は、目《め》の外側《そとがわ》にある一対《つい》の長《なが》い第二《だいに》触角《しょっかく》です。これで、近《ちか》くに泳《およ》いできた小《ちい》さな魚《さかな》などにさわって、安全《あんぜん》をたしかめたりします。

⬆潮《しお》だまりで，２ひきのホンヤドカリがでくわしました。おたがいに，長《なが》いアンテナのような第《だい》二触角《しょっかく》でさわってたしかめあい，別《わか》れていきました。

➡なかよく潮《しお》だまりでアオサを食《た》べるホンヤドカリ。

⬅ヤドカリは食《た》べられるものなら、海藻《かいそう》のくずでもなんでも口《くち》にいれます。

ヤドカリの食事《しょくじ》

ヤドカリは、岩《いわ》の上《うえ》の海藻《かいそう》や、海藻《かいそう》についた微生物《びせいぶつ》などもはさんでつまんで食《た》べますが、むしろ、ゴカイや死《し》んだ魚《さかな》など、動物性《どうぶつせい》のものをこのみます。しかし、いそにそれほど多《おお》くのえさがあるわけではありません。

ヤドカリは、食《た》べられるものはなんでも口《くち》にいれる雑食性《ざっしょくせい》の動物《どうぶつ》なのです。

➡鳥《とり》の羽毛《うもう》のような第《だい》二触角《しょっかく》をもつトゲツノヤドカリ。第《だい》二触角《しょっかく》をふりまわして、水中《すいちゅう》の微生物《びせいぶつ》をとらえて食《た》べます。

潮《しお》だまりのそうじ屋《や》

ヤドカリは、第《だい》一触角《しょっかく》をいつも休《やす》まず、こきざみに動《うご》かしています。そして、死《し》んだ魚《さかな》や弱《よわ》った貝《かい》などのにおいを、水中《すいちゅう》ですばやくかぎわけます。

そのため、潮《しお》だまりに死《し》んだ魚《さかな》がいると、どこからともなく、においをかぎつけたヤドカリが群《む》らがってきます。そして、きれいさっぱり食《た》べつくしてしまいます。

ヤドカリたちの、食欲《しょくよく》をみたそうとするこのような本能的《ほんのうてき》な行動《こうどう》が、海辺《うみべ》の環境《かんきょう》を美《うつく》しくするのに役《やく》だっているのです。このため、ヤドカリは「潮《しお》だまりのそうじ屋《や》」ともいわれています。

⬆死《し》んだアゴハゼをみつけて食《た》べるホンヤドカリ。

➡ヤドカリの脱皮《だっぴ》のしかた。背中《せなか》のわれたところからうしろへぬけてでます。目《め》につづいて、触角《しょっかく》や歩脚《ほきゃく》、最後《さいご》にははさみがぬければ脱皮完了《だっぴかんりょう》です。

脱皮《だっぴ》をくりかえしながら成長《せいちょう》

腹《はら》のほかは、かたいからでおおわれているヤドカリは、カニやエビとおなじように、脱《だっ》皮《ぴ》をくりかえしながら大《おお》きくなります。体《からだ》をおおっているかたいからは、ヤドカリの成長《せいちょう》に合《あ》わせて大《おお》きくならないからです。

脱皮《だっぴ》は、小《ちい》さいときは回数《かいすう》が多《おお》く、成長《せいちょう》すると一年《ねん》に二回《かい》から三回《かい》ほどになります。

ヤドカリの体《からだ》の色《いろ》が白《しろ》っぽくなり、食欲《しょくよく》がおちると脱皮《だっぴ》はま近《ぢか》。はじめに腹《はら》の部分《ぶぶん》のからをぬぎ、つぎに胸《むね》から上《うえ》の部分《ぶぶん》をぬぎます。貝《かい》がらから体《からだ》をのりだし、はさみや歩脚《ほきゃく》を前《ぜん》方《ぽう》に上《あ》げてからをぬいでいきます。脱皮《だっぴ》は、毛《け》の一本《ぽん》一本《ぽん》にいたるまでおこなわれます。

↑脱皮《だっぴ》をしてしばらくたったホンヤドカリ。脱皮直後《だっぴちょくご》の体《からだ》は，やわらかくて敵《てき》におそわれやすい危険《きけん》な状態《じょうたい》です。貝《かい》がらの中《なか》に引《ひ》っこんで，体《からだ》がかたくなるのをまちます。右《みぎ》が脱皮《だっぴ》したあとのぬけがら。

今《いま》，はいっている貝《かい》がらよりよさそうな貝《かい》がらをみつけ，大《おお》きいほうのはさみを使《つか》って大《おお》きさをはかるホンヤドカリ。

引《ひ》っこし先《さき》の貝《かい》がらをそうじするヤドカリ。海《かい》底《てい》におちている貝《かい》がらの中《なか》には，砂《すな》や石《いし》がつまっていることがあります。ヤドカリは，引《ひ》っこす前《まえ》に，からをひっくりかえして砂《すな》をだしたり（右《みぎ》），石《いし》をつまみだしたりします（左《ひだり》）。

ヤドカリの引《ひ》っこし

生《い》きている貝《かい》は成長《せいちょう》するにつれ、そのからを大《おお》きくしていきます。しかし、ヤドカリの貝《かい》がらは死《し》んだ貝《かい》のものです。ヤドカリの成《せい》長《ちょう》にあわせ、大《おお》きくなってはくれません。

だから、ヤドカリは成長《せいちょう》にあわせて、手《て》ぜまになった家《いえ》をかえます。これは、成長《せいちょう》にしたがって脱皮《だっぴ》していくのとにています。

ヤドカリは、あき家《や》の貝《かい》がらをみつけるたびに、はさみで、からの大《おお》きさをはかったり、からの外側《そとがわ》や内側《うちがわ》をていねいにしらべます。成長《せいちょう》をつづけるヤドカリは、今《いま》より大《おお》きくて条件《じょうけん》のよい貝《かい》がらを、たえずさがし求《もと》めなければならないのです。

↑貝《かい》がらの外側《そとがわ》のようすにも，中《なか》の広《ひろ》さにも満足《まんぞく》すると，ヤドカリは，今《いま》まではいっていたからからすばやくぬけだし，腹《はら》の先《さき》のほうからするりと新《あたら》しい貝《かい》に移《うつ》ります。

←新《あたら》しい貝《かい》がらに移《うつ》ってじっくりたしかめ，満足《まんぞく》するまでは，しばらく古《ふる》いからをはなしません。すみごこちを確認《かくにん》すると古《ふる》いからを手《て》ばなし，たち去《さ》ります。

からをぶつけられて，いたたまれなくなったヤドカリが身《み》をのりだすと，からをうばおうとした強《つよ》いヤドカリは，すかさずこれをはさみでつまみだします。

気《き》にいったからにはいっていたなかまをみつけ，両《りょう》方《ほう》のはさみで相《あい》手《て》の貝《かい》がらのふちを持《も》ち，自《じ》分《ぶん》の貝《かい》がらをぶつけるホンヤドカリ。

家《いえ》の交《こう》換《かん》？

潮《しお》だまりをのぞくと、たくさんの巻《ま》き貝《がい》のからをみることができます。しかし、ほとんどの貝《かい》がらには、ヤドカリがはいっています。そのため、ヤドカリは体《からだ》の成《せい》長《ちょう》にあわせて、新《あたら》しい貝《かい》がらに引《ひ》っこしたくても、なかなかよい家《いえ》をみつけることができません。

耳《みみ》をすますと、潮《しお》だまりからカンカンカンと音《おと》が聞《き》こえることがあります。強《つよ》いヤドカリが、弱《よわ》いヤドカリに貝《かい》がらをぶつけて、貝《かい》がらから追《お》いだそうとしているのです。

⬆強《つよ》いヤドカリは，からになった貝《かい》がらにすばやく引《ひ》っこします。貝《かい》がらをうばわれたヤドカリは，そのあと強《つよ》いヤドカリがすてた貝《かい》がらにはいります。一見《いっけん》，家《いえ》を交換《こうかん》しているようです。しかし，強《つよ》いヤドカリのなかには，すてたからをなかなかはなさないものもいます。そのようなときは，からをうばわれたヤドカリは，はだかのままじっとしています。

⬆イトマキヒトデは，ヤドカリにおおいかぶさるようにおそいかかります。

⬆ハゼにつつかれてあわててからに引《ひ》っこむホンヤドカリ。

⬅はさみでふたをして引《ひ》っこむホンヤドカリ。貝《かい》がらが大《おお》きければ，はさみもからの中《なか》に引《ひ》きこむことができます。

敵《てき》におそわれたら

潮《しお》だまりにいたなかまから、よい貝《かい》がらを手《て》に入《い》れることに成功《せいこう》したヤドカリも、こんどは、自分《じぶん》より強《つよ》いヤドカリに、貝《かい》がらの交換《こうかん》をむりじいされるかもしれません。

しかし、もっとおそろしい敵《てき》がたくさんいます。ヤドカリは、敵《てき》におそわれると、じょうぶな貝《かい》がらにすばやく体《からだ》を引《ひ》っこめ、大《おお》きなはさみで貝《かい》がらの口《くち》をふたしてしまいます。するどい歯《は》をもつベラがおそってきても、これで身《み》をまもることができます。でも、タコやイシダイには通用《つうよう》しません。

⬆ホンヤドカリを食《た》べるイトマキヒトデ。体《からだ》全体《ぜんたい》でえものをつつみこむと，口《くち》から胃《い》を外《そと》にだし，胃液《いえき》で消化《しょうか》して食《た》べてしまいます。

➡ホンヤドカリどうしが，とっくみあいのけんかをはじめました。ところが負《ま》けそうになったヤドカリは，つかまれたはさみを自《じ》分《ぶん》で切《き》りはなしてのがれました。

⬇ヤドカリの体《からだ》に，はさみを切《き》り落《お》としたあとがみえます（↑）。

敵《てき》からのがれるための自《じ》切《せつ》

ヤドカリは、外《がい》敵《てき》や強《つよ》いヤドカリにおそわれると、すばやく貝《かい》がらの中《なか》にもぐりこみ、はさみでふたをします。しかし、にげおくれて、はさみやあしをつかまれてしまうことがあります。

このようなときは、ヤドカリは危《き》険《けん》からのがれるために、はさみやあしをそのつけねから自《じ》分《ぶん》で切《き》りはなしてしまいます。これを自《じ》切《せつ》とよんでいます。

切《せつ》断《だん》面《めん》からは、やがて小《ちい》さなはさみやあしが折《お》りたたまれた状《じょう》態《たい》ではえてきます。そして脱《だっ》皮《ぴ》をくりかえすうちに、もとの大《おお》きさのはさみやあしにもどります。

↑危険《きけん》から身《み》をまもるために自分《じぶん》の体《からだ》の一部《いちぶ》を自切《じせつ》しても，その切断面《せつだんめん》は，切《き》り落《お》とした瞬間《しゅんかん》に膜《まく》でおおわれます。血液《けつえき》が流《なが》れでるのをふせいでいるのです。自切《じせつ》から10日《か》め，切断面《せつだんめん》には，小《ちい》さなはさみがはえてきているのがみえます（↑）。

←自切《じせつ》したはさみの切《き》り口《くち》（右《みぎ》）は，たいへんにきれいです。しかし，死体《したい》からもぎとったはさみの切《き》り口《くち》（左《ひだり》）は，自切《じせつ》のときとちがい，肉《にく》がちぎれてついてきます。

➡ソメンヤドカリのすむサンゴ礁《しょう》では，ハマクマノミが敵《てき》におそわれると，サンゴイソギンチャクの触手《しょくしゅ》の中《なか》ににげこんで身《み》をまもってもらいます。これは片《かた》ほうの動物《どうぶつ》だけがとくをする，片利共生《へんりきょうせい》の代《だい》表的《ひょうてき》な例《れい》です。

イソギンチャクと共生《きょうせい》するヤドカリ

ソメンヤドカリは、貝《かい》がらの上《うえ》にベニヒモイソギンチャクをつけて生活《せいかつ》しています。

ヤドカリにとって、イソギンチャクが貝《かい》がらについていれば、敵《てき》の目《め》をごまかせます。しかも、イソギンチャクの毒《どく》のある触手《しょくしゅ》で、タコやイシダイの攻撃《こうげき》からまもってもらえます。

いっぽう、イソギンチャクにとっては、ヤドカリといっしょに移動《いどう》することで、えさにありつく機会《きかい》が多《おお》くなります。さらに、ヤドカリの食《た》べ残《のこ》しにもありつくことができます。

このように、二種類《しゅるい》の生物《せいぶつ》がたがいに利益《りえき》をうけながら、いっしょに生活《せいかつ》することを共《きょう》利共生《りきょうせい》といいます。

↑あたたかい海《うみ》にすむソメンヤドカリは，そのほとんどが貝《かい》がらの上《うえ》にベニヒモイソギンチャクをつけています。多《おお》いときは５～６個《こ》つけていることもあります。

①手《て》ごろな貝《かい》がらをみつけると，まずその寸法《すんぽう》をはかります。

②新《あたら》しい貝《かい》がらにすばやく移《うつ》ってすみごこちをたしかめます。

ソメンヤドカリの引《ひ》っこし

ベニヒモイソギンチャクをつけたソメンヤドカリが、貝《かい》がらをみつけました。しらべて、すみごこちがよさそうだと引《ひ》っこします。このとき、イソギンチャクを新《あたら》しい貝《かい》がらにつけかえることもわすれません。

古《ふる》い貝《かい》がらについているイソギンチャクを、ヤドカリはとがった歩脚《ほきゃく》でつついたり、はさみで引《ひ》っぱったりします。すると、ヤドカリ以外《いがい》のものがはがそうとしても、けっしてはがれないのに、いともかんたんにはがれてしまいます。そして、はがしたイソギンチャクをかかえるようにして、自分《じぶん》の貝《かい》がらにうえつけます。

③新《あたら》しい貝《かい》がらにイソギンチャクがついているか確認《かくにん》します。

④古《ふる》い貝《かい》がらについていたイソギンチャクの１つめをはがしにかかります。

⑤２つめをはがしにかかります。

⑥３つめをはがして貝《かい》がらにつけます。

⑦新《あたら》しい貝《かい》がらにイソギンチャクの移《うつ》しかえをおわりました。イソギンチャクは自分《じぶん》で動《うご》いて，貝《かい》がらの上《うえ》でいちばんよい場所《ばしょ》におちつきます。

⬆右《みぎ》ききのケアシホンヤドカリ。甲《こう》長《ちょう》約《やく》14㎜，※低潮線《ていちょうせん》付近《ふきん》にすんでいます。

➡左右《さゆう》のはさみの大《おお》きさに差《さ》のないケブカヒメヨコバサミ。甲《こう》長《ちょう》約《やく》15㎜，※低潮線《ていちょうせん》から水深《すいしん》180ｍにすんでいます。

ヤドカリのいろいろ

海辺《うみべ》には、いろいろな種類《しゅるい》の巻《ま》き貝《がい》がすんでいます。そして、さまざまな種類《しゅるい》のヤドカリが、その巻《ま》き貝《がい》のからを利用《りよう》して生活《せいかつ》しています。ただし海辺《うみべ》には、あまり大《おお》きな巻《ま》き貝《がい》はすんでいないので、大《おお》きな種類《しゅるい》のヤドカリはすむことができません。

ヤドカリのぬぎすてた貝《かい》がらには、別《べつ》のヤドカリがはいります。これがくりかえされて、ぼろぼろになった貝《かい》がらもあります。

なお、比較的《ひかくてき》北《きた》の海《うみ》に多《おお》いホンヤドカリのなかまは、右《みぎ》のはさみが大《おお》きく、反対《はんたい》に、南《みなみ》の海《うみ》のサンゴ礁《しょう》にすむヤドカリは、左《ひだり》のはさみが大《おお》きいのが特色《とくしょく》です。

※低潮線《ていちょうせん》＝潮《しお》がいちばん引《ひ》いたときの海面《かいめん》と陸地《りくち》のさかい。

右《みぎ》ききのヤマトホンヤドカリ。甲長約《こうちょうやく》30㎜，※低潮線《ていちょうせん》から水深《すいしん》300ｍにすんでいます。

右《みぎ》ききのユビナガホンヤドカリ。甲長約《こうちょうやく》15㎜，河口近《かこうちか》くの干潟《ひがた》にすんでいます。

左《ひだり》ききのアカツメサンゴヤドカリ。甲長《こうちょう》十五ミリ、サンゴ礁《しょう》にすんでいます。

左《ひだり》ききのスベスベサンゴヤドカリ。甲長《こうちょう》十五ミリ、サンゴ礁《しょう》にすんでいます。

左《ひだり》ききのアオボシヤドカリ。甲長《こうちょう》三十ミリ、サンゴ礁《しょう》にすんでいます。

左《ひだり》ききのコモンヤドカリ。甲長《こうちょう》六十ミリ、サンゴ礁《しょう》の潮《しお》だまりにすんでいます。

↑ムラサキオカヤドカリ。海岸《かいがん》にうち上《あ》げられた巻《ま》き貝《がい》や，アフリカマイマイのからにはいります。

↓海岸《かいがん》の砂《すな》の上《うえ》に残《のこ》されたオカヤドカリの足《あし》あと。

熱帯《ねったい》、亜熱帯《あねったい》には、海《うみ》の中《なか》だけでなく、海辺《うみべ》の岩《いわ》のかげや草《くさ》むら、林《はやし》の中《なか》などで生活《せいかつ》するヤドカリがいます。オカヤドカリのなかまがそれです。

しかし、ふだん陸上《りくじょう》生活《せいかつ》をするオカヤドカリも、ゾエアは海《うみ》でそだちます。

＊ヤドカリとそのなかま

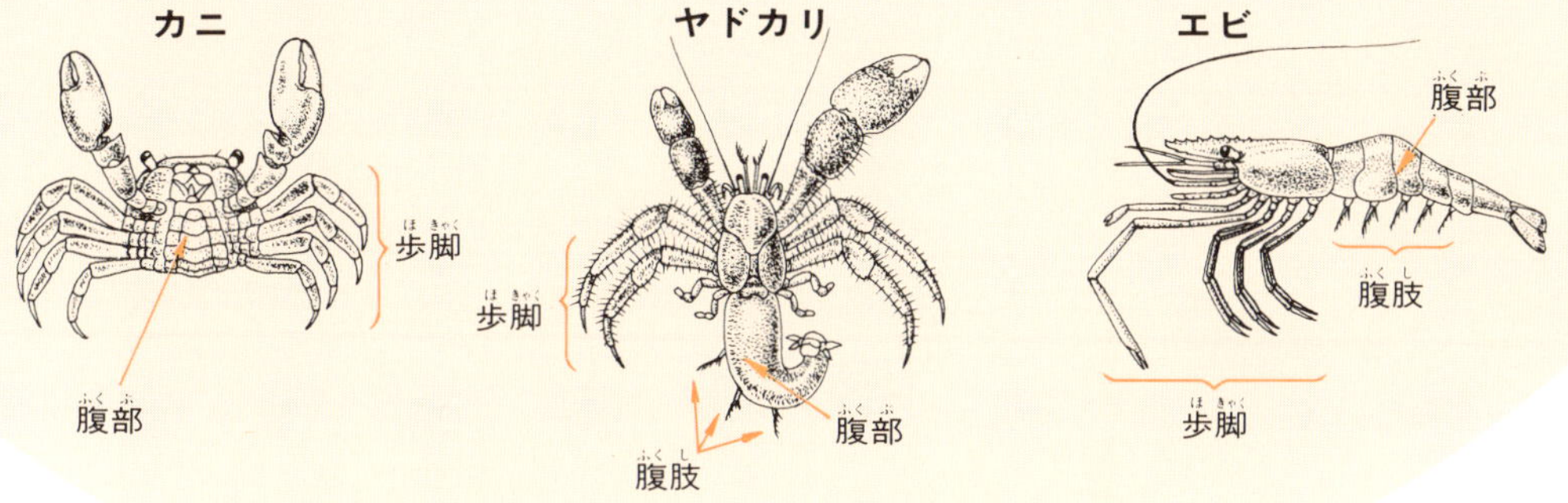
カニ
歩脚《ほきゃく》
腹部《ふくぶ》
ヤドカリ
歩脚《ほきゃく》
腹部《ふくぶ》
腹肢《ふくし》
エビ
腹部《ふくぶ》
腹肢《ふくし》
歩脚《ほきゃく》

※カニの腹部《ふくぶ》は小《ちい》さく，体《からだ》の下《した》に折《お》りたたまれているので短《たん》尾亜目《びあもく》，エビの腹部《ふくぶ》は大《おお》きくまっすぐにのびているので長《ちょう》尾亜目《びあもく》に分類《ぶんるい》されます。ヤドカリは腹部《ふくぶ》がやわらかく，ねじれているため異尾亜目《いびあもく》といわれ，カニとエビの中間《ちゅうかん》に分《ぶん》類《るい》されています。

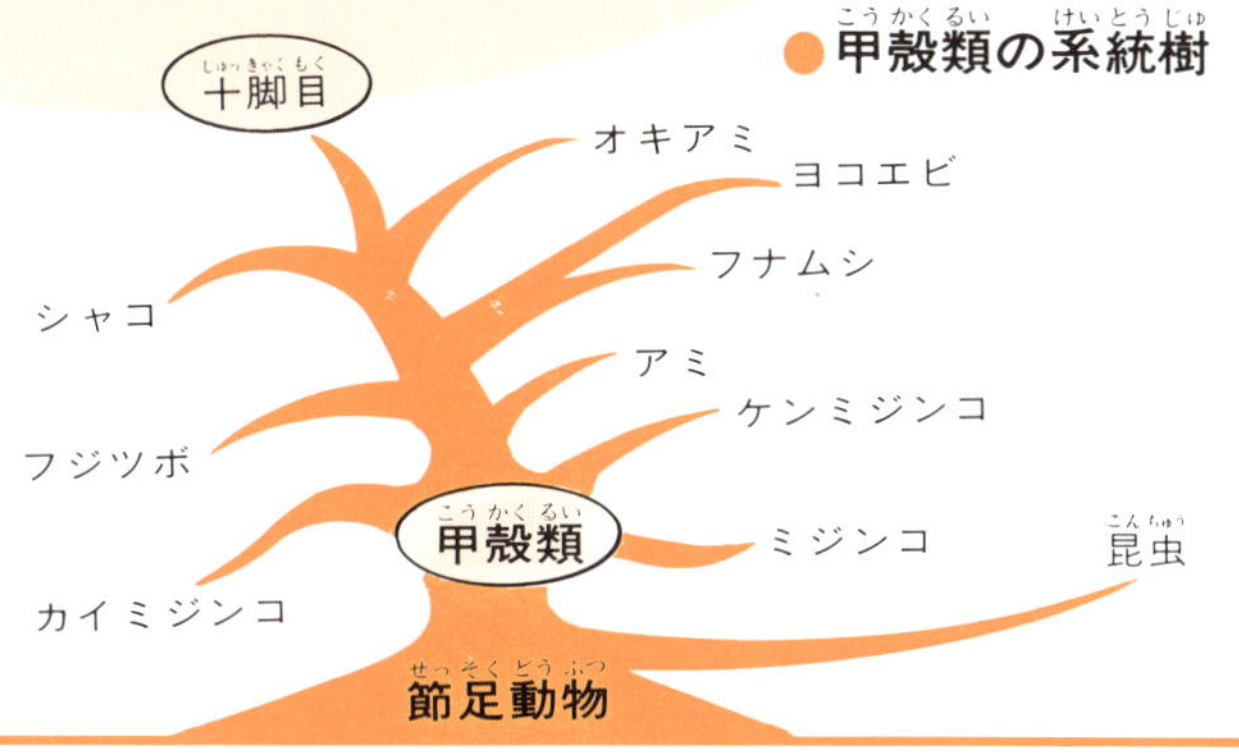
甲殻類《こうかくるい》の系統樹《けいとうじゅ》
十脚目《じゅっきゃくもく》
オキアミ
ヨコエビ
フナムシ
シャコ
アミ
ケンミジンコ
フジツボ
甲殻類《こうかくるい》
ミジンコ
昆虫《こんちゅう》
カイミジンコ
節足動物《せっそくどうぶつ》

ヤドカリは、かたいからで体《からだ》がおおわれ、脱皮《だっぴ》をくりかえして成長《せいちょう》する甲殻類《こうかくるい》のなかまです。甲殻類《こうかくるい》は、地球上《ちきゅうじょう》に約《やく》五万種《まんしゅ》いるといわれています。このなかには、五対《つい》のあしをもつ十脚目《じゅっきゃくもく》というなかまがいて、ヤドカリもカニやエビとともにこのなかまにはいります。

カニには、一対《つい》のはさみあしと四対《つい》の歩脚《ほきゃく》があり、十本《ぽん》のあしを持《も》っているのが一目《ひとめ》でわかります。

エビも、十本《ぽん》のあしを持《も》つことがわかります。しかし、はさみあしの数《かず》が、種類《しゅるい》によって、ないものから五対《つい》あるものまでいます。

ヤドカリの場合《ばあい》は、一対《つい》のはさみあしと、二対《つい》の歩脚《ほきゃく》しかみえません。しかし、貝《かい》がらからだしてみると、二対《つい》の歩脚《ほきゃく》のうしろに小《ちい》さなあしが二対《つい》あることがわかり、やはり十本《ぽん》のあしをもっていることがわかります。

ヤドカリの右《みぎ》きき、左《ひだり》きき

ヤドカリのはさみあしは、左《ひだり》と右《みぎ》で大《おお》きさがちがいます。サンゴ礁《しょう》をはじめ、南《みなみ》の海《うみ》にすむヤドカリの多《おお》くは、左《ひだり》に大《おお》きなはさみをもっています。また、北《きた》の海《うみ》に多《おお》いホンヤドカリとよばれるなかまでは、右《みぎ》に大《おお》きなはさみをもっています。

ヤドカリの研究《けんきゅう》でしられる三宅《みやけ》貞祥《さだよし》博士《はくし》は、「アメリカにおしりを向《む》けて、両手《りょうて》で銚子《ちょうし》の燈台《とうだい》をだきかかえると、右手《みぎて》は北《きた》、左手《ひだりて》は南《みなみ》のほうにくる。こうすると、北《ほっ》方系《ぽうけい》が右《みぎ》きき、南方系《なんぽうけい》が左《ひだり》ききであることを、かんたんにおぼえられる」とのべています。

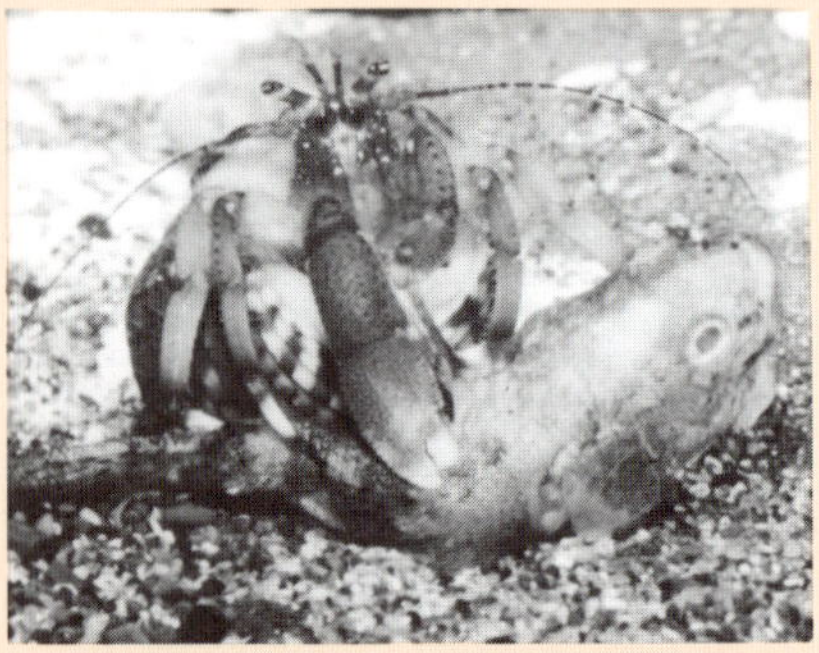

右《みぎ》ききのホンヤドカリ。

左《ひだり》ききのイシダタミヤドカリ。

ヤドカリのなかまは、日本《にっぽん》では三百《びゃく》種《しゅ》ほどが知《し》られています。北《きた》は北海道《ほっかいどう》から南《みなみ》は沖縄《おきなわ》のサンゴ礁《しょう》まで、そして陸《りく》の上《うえ》から潮間帯《ちょうかんたい》、浅《あさ》い海《うみ》から深海底《しんかいてい》まで、広《ひろ》いはんいにわたって、さまざまなヤドカリがすんでいます。

陸《りく》の上《うえ》にすむ種類《しゅるい》としては、オカヤドカリがいます。オカヤドカリは、海岸《かいがん》でみつけた巻《ま》き貝《がい》のからや、アフリカマイマイなど大形《おおがた》の陸貝《りくがい》のからを宿《やど》に利用《りよう》しています。

オカヤドカリは、日本《にっぽん》において六種類《しゅるい》が知《し》られていますが、いずれも南方系《なんぽうけい》です。

潮間帯《ちょうかんたい》では、巻《ま》き貝《がい》の種類《しゅるい》も多《おお》く、たくさんのヤドカリたちが、いろいろな種類《しゅるい》の巻《ま》き貝《がい》のからを宿《やど》に利用《りよう》しています。

しかし、深《ふか》さが増《ま》すと巻《ま》き貝《がい》の種類《しゅるい》が少《すく》なくなるので、たとえばヨコスジヤドカリとヤツシロガイのように、貝《かい》とヤドカリの間《あいだ》に一《いっ》定《てい》の関係《かんけい》がみられるようになります。

●ヤドカリの垂直分布《すいちょくぶんぷ》

ヤドカリのなかまは，陸上《りくじょう》から深海底《しんかいてい》まで，広《ひろ》いはんいにすんでいます。どこにどんなヤドカリがすんでいるのでしょうか。

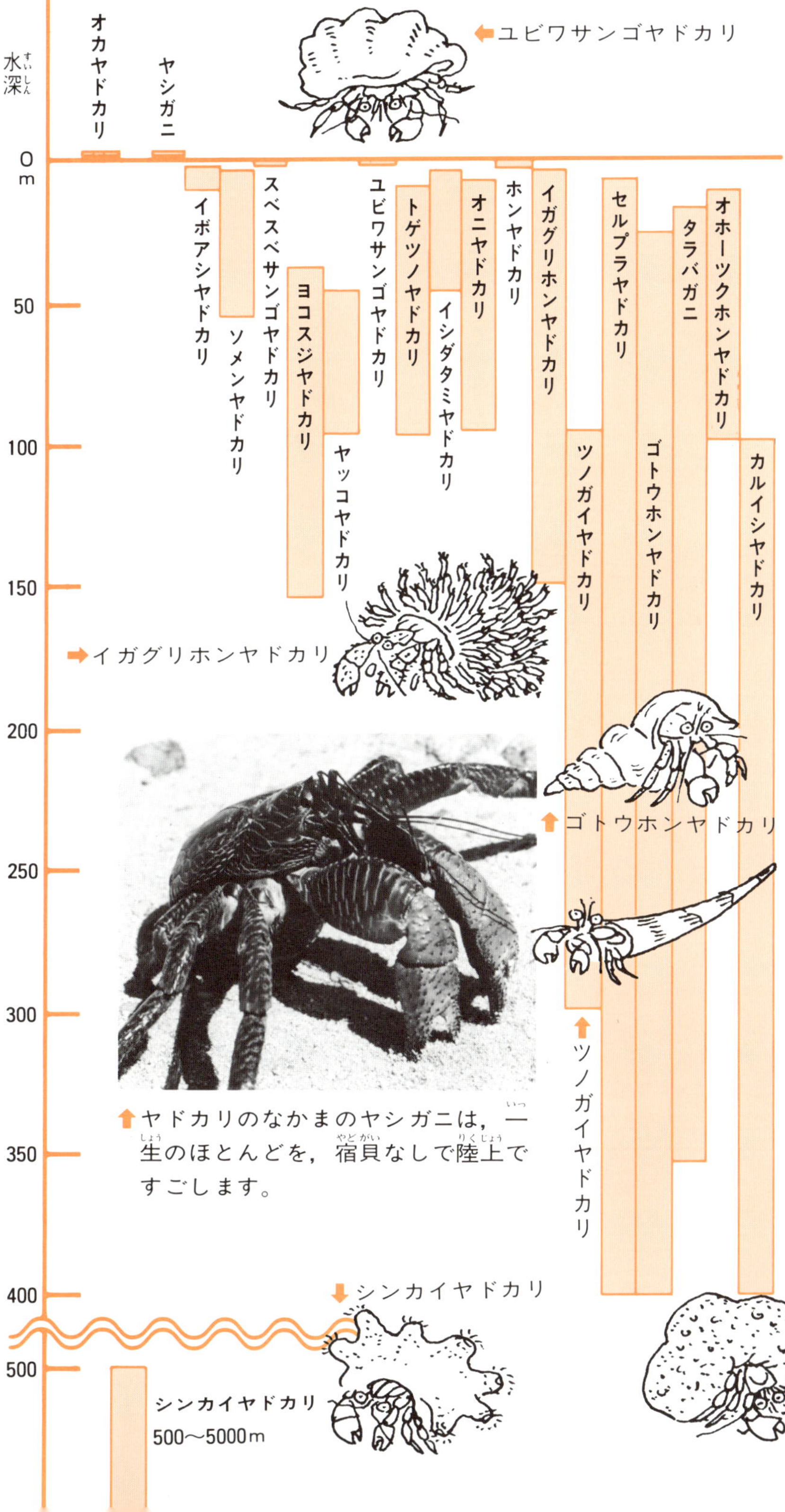

水深《すいしん》
0m
50
100
150
200
250
300
350
400
500
オカヤドカリ
ヤシガニ
ユビワサンゴヤドカリ
イボアシヤドカリ
ソメンヤドカリ
スベスベサンゴヤドカリ
ヨコスジヤドカリ
ヤッコヤドカリ
ユビワサンゴヤドカリ
トゲツノヤドカリ
イシダタミヤドカリ
オニヤドカリ
ホンヤドカリ
イガグリホンヤドカリ
ツノガイヤドカリ
セルプラヤドカリ
ゴトウホンヤドカリ
タラバガニ
オホーツクホンヤドカリ
カルイシヤドカリ
イガグリホンヤドカリ
ゴトウホンヤドカリ
ツノガイヤドカリ
シンカイヤドカリ
シンカイヤドカリ
500～5000m
カルイシヤドカリ

↑ヤドカリのなかまのヤシガニは，一生《いっしょう》のほとんどを，宿貝《やどがい》なしで陸上《りくじょう》ですごします。

↑カニ型《がた》のハナサキガニは，宿貝《やどがい》をもたないヤドカリのなかまで，食用《しょくよう》となります。

さらに深《ふか》さが増《ま》すと、宿《やど》とする巻《ま》き貝《がい》そのものがほとんどいなくなります。そこで、あなのあいたサンゴの骨片《こっぺん》や軽石《かるいし》、深海《しんかい》にしずんだぼうきれや、竹《たけ》づつを利用《りよう》するヤドカリもいます。

＊ヤドカリの体《からだ》しらべ

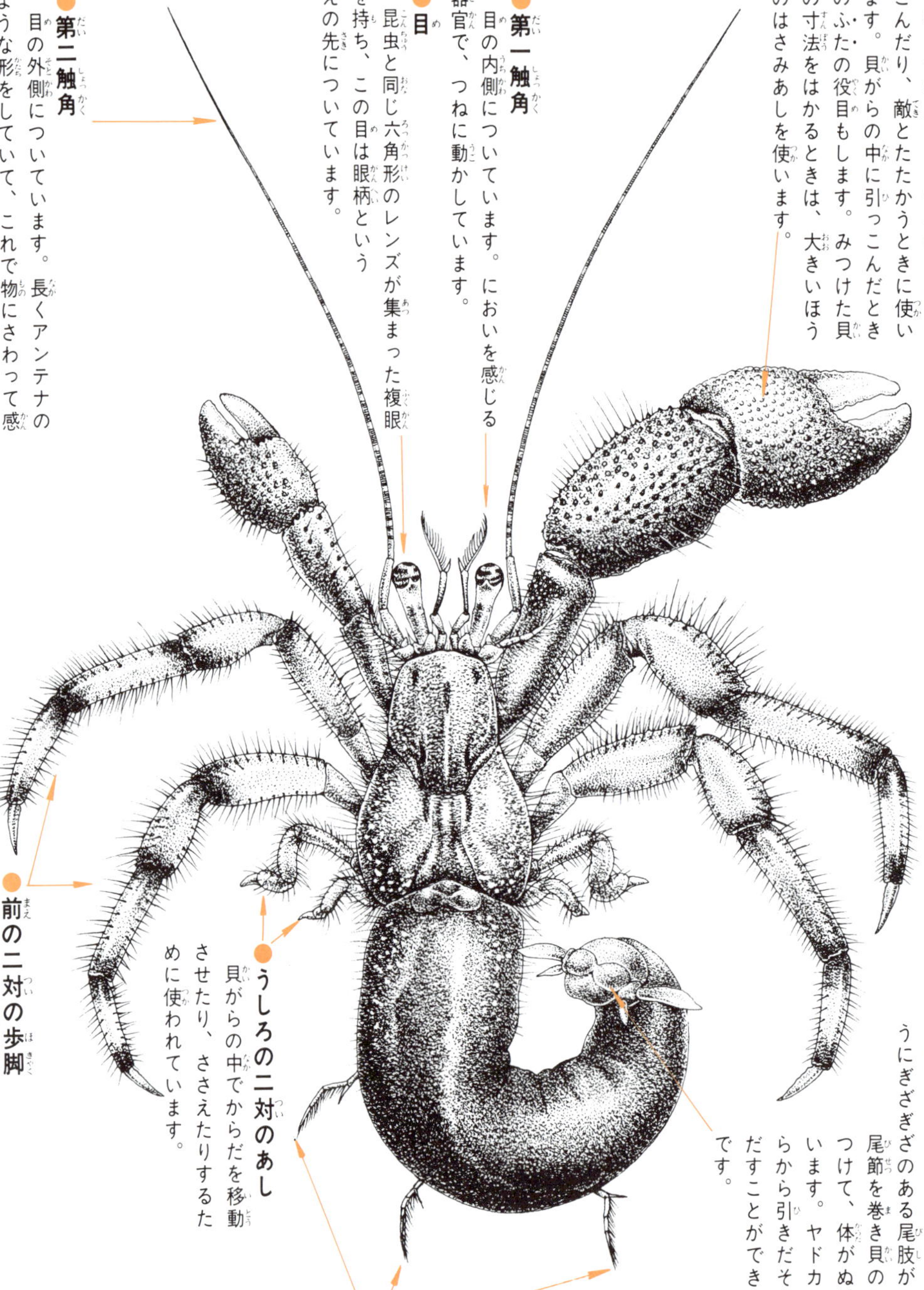

はさみあし（はさみ）

物《もの》をつかんだり、食《た》べ物《もの》を口《くち》にはこんだり、敵《てき》とたたかうときに使《つか》います。貝《かい》がらの中《なか》に引《ひ》っこんだときのふたの役目《やくめ》もします。みつけた貝《かい》の寸法《すんぽう》をはかるときは、大《おお》きいほうのはさみあしを使《つか》います。

第《だい》一触角《しょっかく》

目《め》の内側《うちかわ》についています。においを感《かん》じる器官《きかん》で、つねに動《うご》かしています。

目《め》

昆虫《こんちゅう》と同《おな》じ六角形《ろっかっけい》のレンズが集《あつ》まった複眼《ふくがん》を持《も》ち、この目《め》は眼柄《がんぺい》というえの先《さき》についています。

第《だい》二触角《しょっかく》

目《め》の外側《そとかわ》についています。長《なが》くアンテナのような形《かたち》をしていて、これで物《もの》にさわって感《かん》じる器官《きかん》です。

前《まえ》の二対《つい》の歩脚《ほきゃく》

歩《ある》くために使《つか》う足《あし》です。

うしろの二対《つい》のあし

貝《かい》がらの中《なか》でからだを移動《いどう》させたり、ささえたりするために使《つか》われています。

尾節《びせつ》

尾節《びせつ》は腹部《ふくぶ》の先《さき》についていて、やすりのようにぎざぎざのある尾肢《びし》がでています。この尾節《びせつ》を巻《ま》き貝《かい》のからのじくにまきつけて、体《からだ》がぬけないようにしています。ヤドカリをむりやり貝《かい》がらから引《ひ》きだそうとしても、引《ひ》きだすことができないのはこのためです。

腹肢《ふくし》

腹部《ふくぶ》の左側《ひだりがわ》にあり，ホンヤドカリの場合《ばあい》，おすは３本《ぼん》の腹肢《ふくし》をもち，貝《かい》がらの中《なか》で腹部《ふくぶ》をささえるのに役立《やくだ》ちます。めすは４本《ほん》の腹肢《ふくし》をもち，これに卵《たまご》をつけます。

片方《かたほう》の目《め》のえを横《よこ》にたおし，みぞにしまったヤマトオサガニ。

えを前《まえ》にたおし，そうじをしているイシダタミヤドカリ。

ヤドカリの目《め》のえはしまえない

ヤドカリの目《め》は，体《からだ》からつきでたえの先《さき》についています。このえは，貝《かい》がらに引《ひ》っこむときや，そうじをするときに前《まえ》にたおすことができます。しかし，目《め》をまもるために，えをしまっておく場所《ばしょ》はありません。

カニの目《め》も，長《なが》いえの先《さき》についています。ところがこのえは，横《よこ》にたおし，しまっておく場所《ばしょ》があり，目《め》を保護《ほご》することができます。

ヤドカリやカニ、エビの目《め》

ヤドカリやカニの目《め》を、顕微鏡《けんびきょう》でみると、昆虫《こんちゅう》と同《おな》じ六角形《ろっかくけい》のレンズの集《あつ》まった複眼《ふくがん》であることがわかります。

しかし、おなじ甲殻類《こうかくるい》・十脚目《じゅっきゃくもく》のなかまのエビの目《め》は、六角形《ろっかくけい》ではなく四角形《しかくけい》のレンズの集《あつ》まった複眼《ふくがん》です。

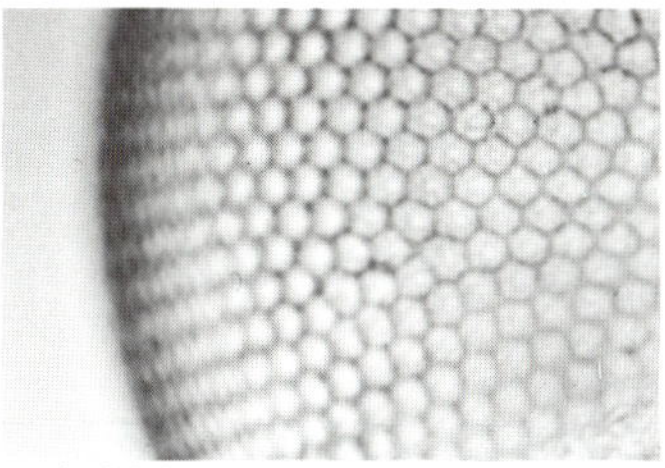

六角形《ろっかくけい》のヤドカリの複眼《ふくがん》。

六角形《ろっかくけい》のカニの複眼《ふくがん》。

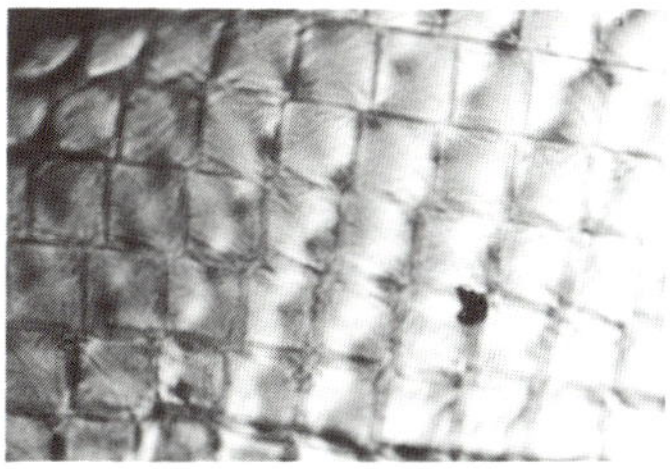

四角形《しかくけい》のエビの複眼《ふくがん》。

ヤドカリとカニのはさみは片方《かたほう》が動《うご》く

ヤドカリやカニのはさみは、人間《にんげん》が使《つか》うはさみのように、刃《は》にあたる部分《ぶぶん》の両方《りょうほう》が動《うご》くのではありません。図《ず》のように、片方《かたほう》だけが動《うご》くしくみになっています。

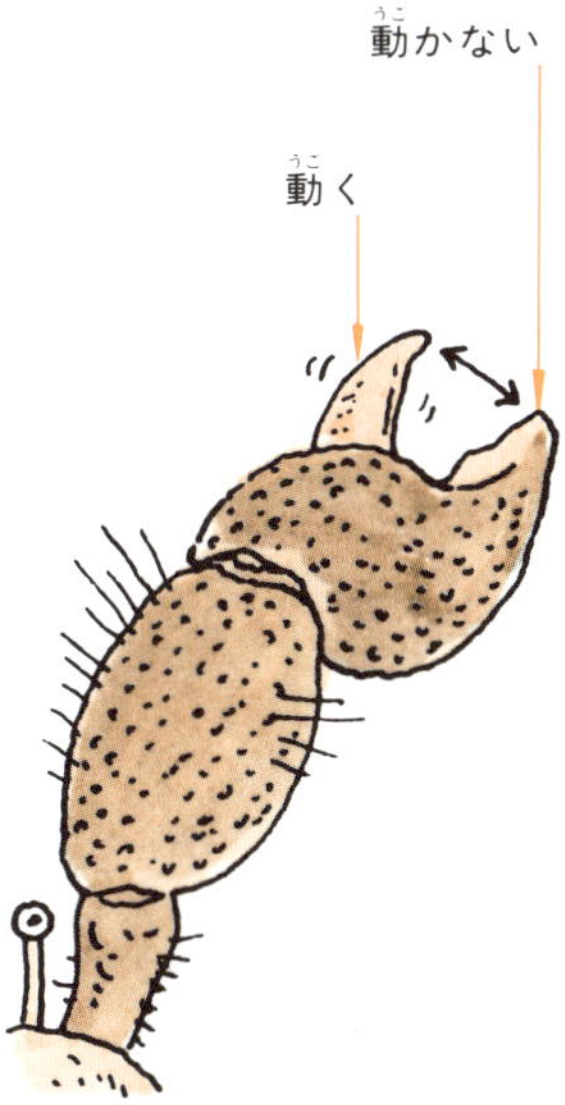

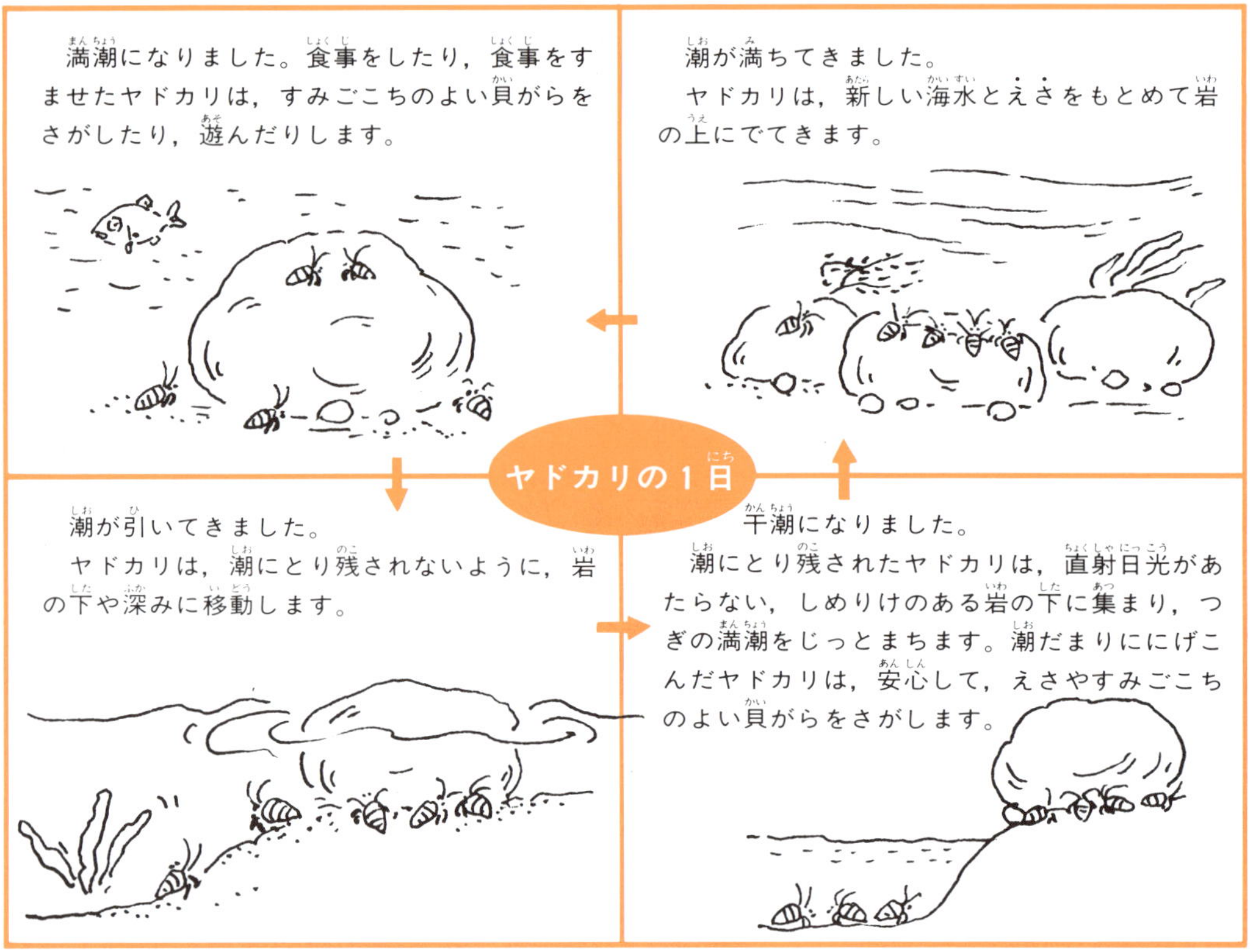
ヤドカリの1日《にち》
潮《しお》が満《み》ちてきました。

ヤドカリは，新《あたら》しい海水《かいすい》とえさをもとめて岩《いわ》の上《うえ》にでてきます。

満潮《まんちょう》になりました。食事《しょくじ》をしたり，食事《しょくじ》をすませたヤドカリは，すみごこちのよい貝《かい》がらをさがしたり，遊《あそ》んだりします。

潮《しお》が引《ひ》いてきました。

ヤドカリは，潮《しお》にとり残《のこ》されないように，岩《いわ》の下《した》や深《ふか》みに移動《いどう》します。

干潮《かんちょう》になりました。

潮《しお》にとり残《のこ》されたヤドカリは，直射日光《ちょくしゃにっこう》があたらない，しめりけのある岩《いわ》の下《した》に集《あつ》まり，つぎの満潮《まんちょう》をじっとまちます。潮《しお》だまりににげこんだヤドカリは，安心《あんしん》して，えさやすみごこちのよい貝《かい》がらをさがします。


潮間帯《ちょうかんたい》にすむ生物《せいぶつ》たちは、潮《しお》の満《み》ち引《ひ》きの影響《えいきょう》をうけ、それをたくみに利用《りよう》して生《い》きています。潮間帯《ちょうかんたい》にすむヤドカリたちも同《おな》じように、潮《しお》の満《み》ち引《ひ》きに合《あわ》せてその生《せい》活《かつ》リズムができあがっています。

それは、海辺《うみべ》から採集《さいしゅう》してきたヤドカリを水《すい》そうにいれて飼《か》えば、観察《かんさつ》できます。採集《さいしゅう》した海岸《かいがん》が、満《み》ち潮《しお》になるときと、引《ひ》き潮《しお》になるとき、水《すい》そうの中《なか》のヤドカリたちもさかんに動《うご》きだします。

ヤドカリに、太陽《たいよう》の動《うご》きや、昼《ひる》と夜《よる》の区《く》別《べつ》がつかないように、水《すい》そうをまっくらにしても、海《うみ》にいるときと同《おな》じように行動《こうどう》をします。これは、ヤドカリの体《からだ》の中《なか》に、潮《しお》の満《み》ち引《ひ》きとほぼ同《おな》じリズムで動《うご》く、その生物《せいぶつ》どくとくの体内時計《たいないどけい》があるからだといわれています。

ホンヤドカリの一生《しょう》

●ホンヤドカリの繁殖期は、十月からよく年の五月《がつ》ごろまで。その間《あいだ》に、めすは数回《すうかい》の放《ほう》卵《らん》をします。

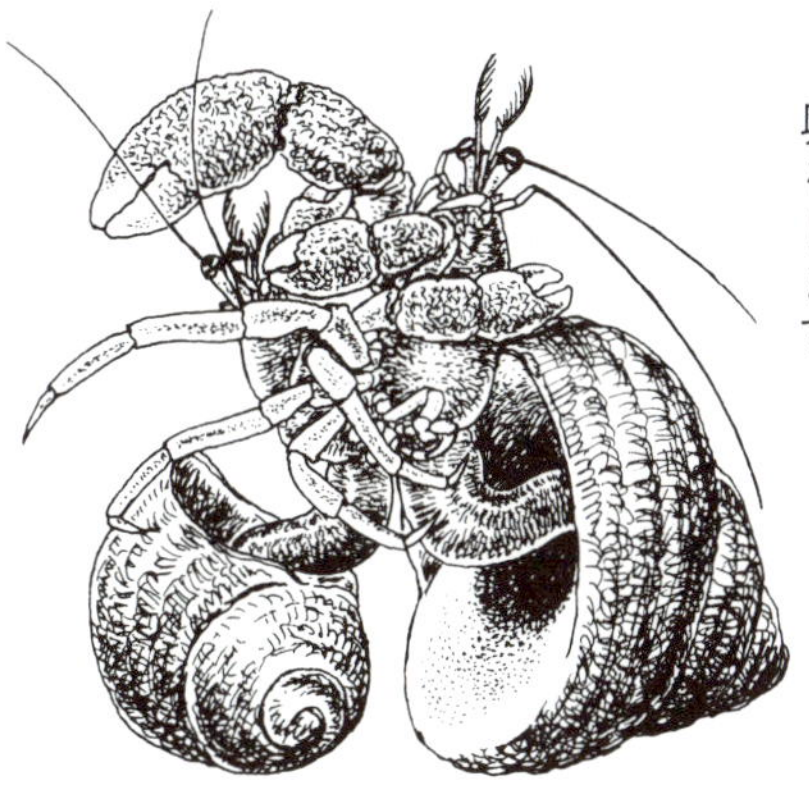

交接《こうせつ》するヤドカリ。交接《こうせつ》がおわると，しばらくして，おすとめすはわかれます。

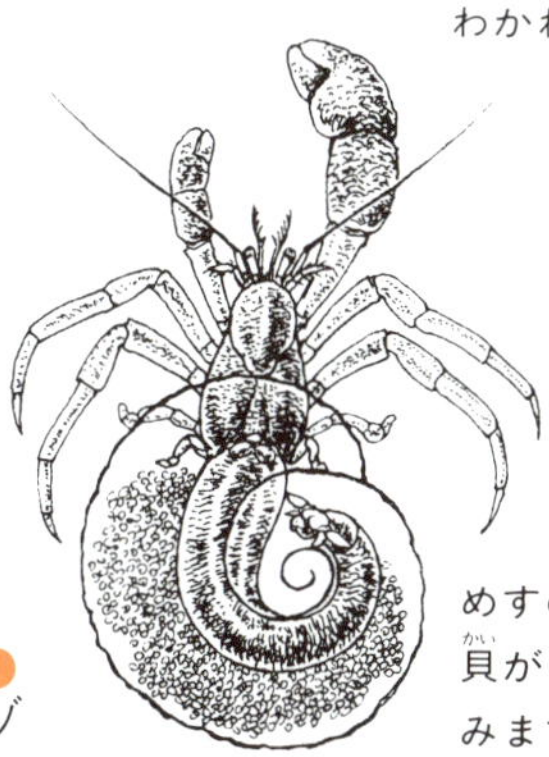

めすのヤドカリは，貝《かい》がらの中《なか》で卵《たまご》をうみます。

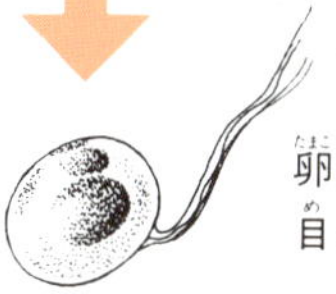

卵《たまご》は成長《せいちょう》し，やがて目《め》ができてきます。

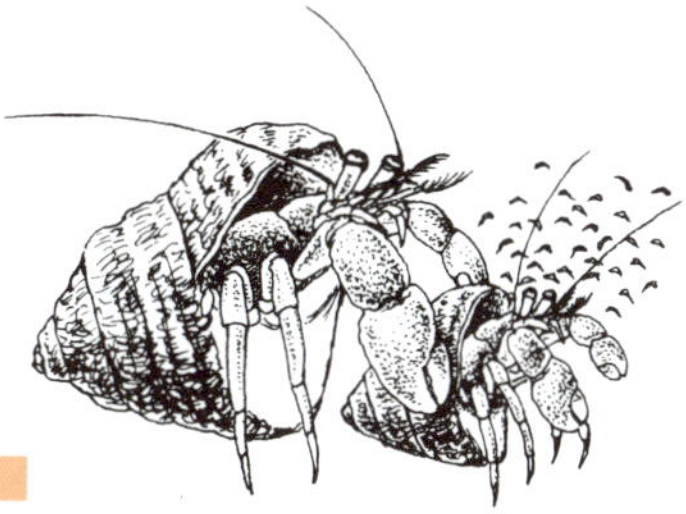

卵《たまご》は，1か月《げつ》ほどで成熟《せいじゅく》します。このころ，ふたたびおすに貝《かい》がらを持《も》たれるようになります。やがて，大《おお》潮《しお》の夜《よる》の満潮《まんちょう》に，ゾエアが海《うみ》にはなたれます。

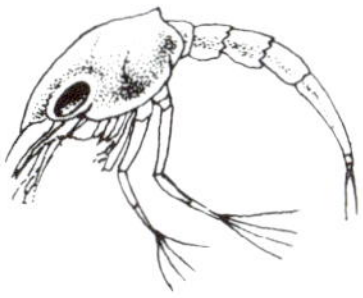

卵《たまご》からかえったゾエア幼生《ようせい》。プランクトン生活《せいかつ》を1か月《げつ》くらいします。

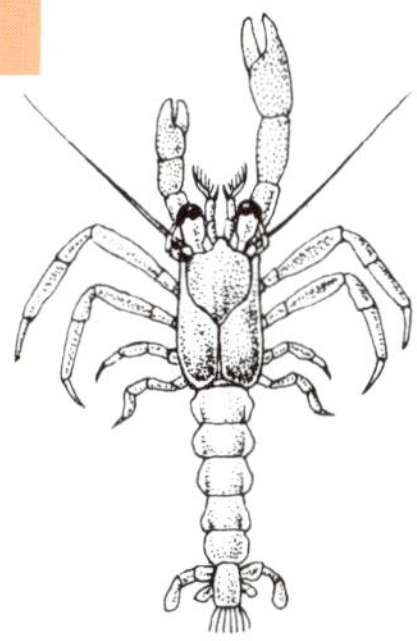

グラウコトエ幼生《ようせい》

●ゾエアは、一週間《しゅうかん》に一回《かい》の割《わり》合《あい》で三回《かい》の脱皮《だっぴ》をくりかえします。そして、四回《かい》めの脱皮《だっぴ》でグラウコトエ幼生《ようせい》となり、数日《すうじつ》で脱皮《だっぴ》すると、小《ちい》さなヤドカリに変身《へんしん》して海底《かいてい》生活《せいかつ》にはいります。このころは、海岸《かいがん》の近《ちか》くにいて、体《からだ》にあった小《ちい》さな貝《かい》がらをみつけ、その中《なか》にはいります。

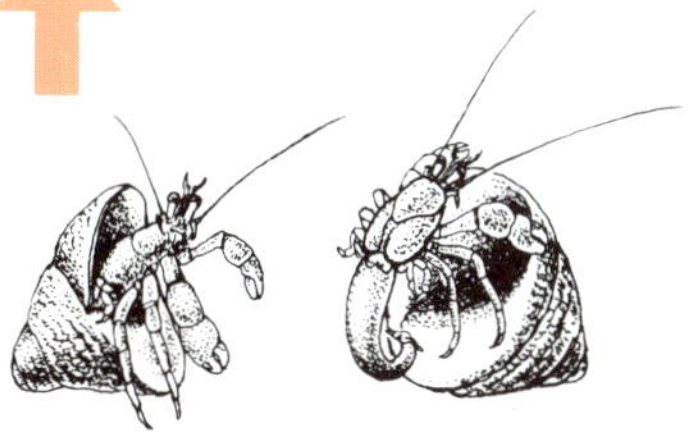

海底《かいてい》で小《ちい》さな貝《かい》がらをみつけてはいります。小《ちい》さなヤドカリは，1か月《げつ》に1度《ど》くらいの割合《わりあい》で，脱皮《だっぴ》をくりかえして大《おお》きくなっていきます。

ホンヤドカリの子《こ》どもは，約《やく》1年《ねん》でおとなになります。

●成長《せいちょう》したヤドカリは、一年《ねん》に二～三回《かい》しか脱皮《だっぴ》をしなくなります。ホンヤドカリの寿命《じゅみょう》は、三～四年《ねん》くらいといわれています。

*海《うみ》の生物《せいぶつ》のたすけあいと寄生《きせい》

➡イガグリホンヤドカリは、いちどはいったからを一生《いっしょう》かえません。じつは、このからは、イガグリカイウミヒドラのキチン質《しつ》の管《くだ》なのです。ヤドカリの成長《せいちょう》とともに、イガグリカイウミヒドラもしだいに大《おお》きくなり、ヤドカリの腹部《ふくぶ》を保護《ほご》します。

ヤドカリがすんでいる潮《しお》だまりをはじめ、海《うみ》にはさまざまな生物《せいぶつ》たちが、それぞれ深《ふか》いつながりをもって生《い》きています。

海藻《かいそう》や植物性《しょくぶつせい》プランクトンは、太陽《たいよう》の光《ひかり》と海水《かいすい》にとけている養分《ようぶん》とによって成長《せいちょう》します。これを、動物性《どうぶつせい》プランクトンが食《た》べ、さらにこの動物性《どうぶつせい》プランクトンを小《ち》さな肉食性《にくしょくせい》動物《どうぶつ》が食《た》べます。そして、小形《こがた》の肉食性《にくしょくせい》動物《どうぶつ》を、さらに大《おお》きな肉食性《にくしょくせい》動物《どうぶつ》が食《た》べます。

このように海《うみ》では、大《おお》きなものが小《ち》さなものを、強《つよ》いものが弱《よわ》いものを食《た》べる、自然界《しぜんかい》のおきてが支配《しはい》しているのです。

しかし敵《てき》からのがれ、えさにありつくために、ヤドカリとイソギンチャクのように、二種類《しゅるい》の生物《せいぶつ》がたすけあって生《い》きている場合《ばあい》もあります。

二種類《しゅるい》の生物《せいぶつ》が共同生活《きょうどうせいかつ》をしていても、片方《かたほう》だけしか利益《りえき》をえられない場合《ばあい》もあります。それどころか、片方《かたほう》に害《がい》をあたえて寄生《きせい》する生物《せいぶつ》もいます。

※写真提供＝小池康之《こいけやすゆき》

●片方《かたほう》だけが利益《りえき》をうける「片利共生《へんりきょうせい》」

アサリやハマグリの貝《かい》がらを開《ひら》いてみると，その中《なか》に小《ちい》さなカニがはいっていることがあります。これは，幼生《ようせい》のころに二枚貝《にまいがい》の中《なか》にはいり，そこで一生《いっしょう》をすごすピンノとよばれるカニです。この場合《ばあい》，貝《かい》にとってはなんの利益《りえき》もありません。外敵《がいてき》におそわれたクマノミが，イソギンチャクの触手《しょくしゅ》の中《なか》ににげこむのと同《おな》じ，片方《かたほう》だけが利益《りえき》をうける片利共生《へんりきょうせい》といえます。

●両方《りょうほう》が利益《りえき》をえる「共利共生《きょうりきょうせい》」

トゲツノヤドカリは，ヤドカリコテイソギンチャクをはさみの外側《そとがわ》につけてくらしています。敵《てき》におそわれると，ヤドカリは貝《かい》がらに引《ひ》っこみ，イソギンチャクのついたはさみでふたをして，敵《てき》からの攻撃《こうげき》をふせぎます。

いっぽうイソギンチャクは，ヤドカリが移《い》動《どう》するたびに，えさにありつく機会《きかい》が多《おお》くなります。

※写真提供＝小池康之《こいけやすゆき》

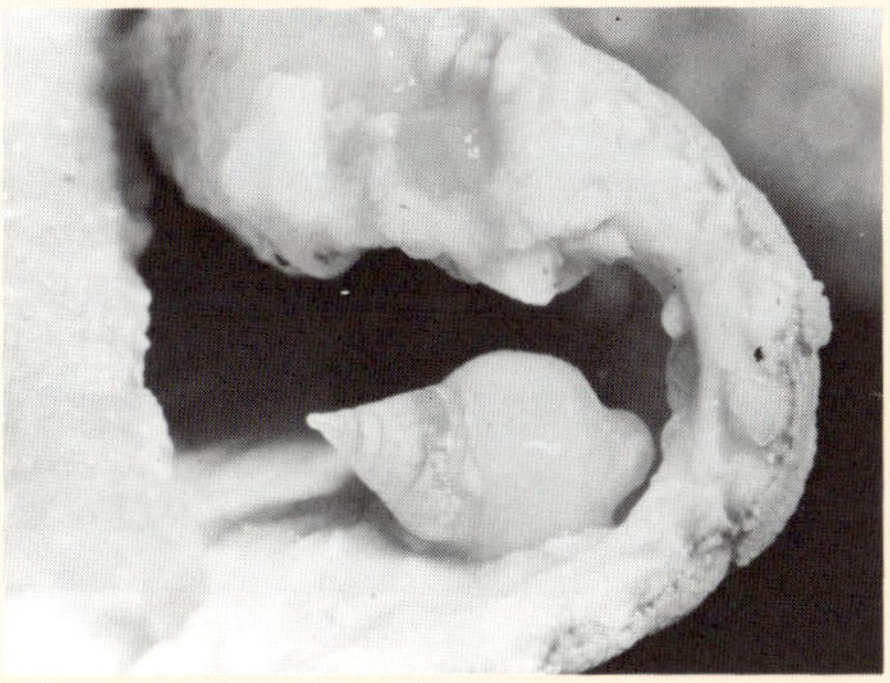

⬆海辺《うみべ》で，腕《うで》の一部《いちぶ》がこぶのように，ぷくっとふくらんでいるアカヒトデもよくみかけます。このこぶの中《なか》には，アカヒトデヤドリニナという巻《ま》き貝《がい》が寄生《きせい》していて，ヒトデから養《よう》分《ぶん》をとって生活《せいかつ》をしています。

※写真提供＝小池康之《こいけやすゆき》

⬆まるで卵《たまご》をだいているような，黄色《きいろ》のかたまりを腹《はら》につけたカニをみつけることがあります。このかたまりは，カニやエビと同《おな》じなかまのフクロムシです。カニに寄生《きせい》して，カニの腹部《ふくぶ》にえをさしこみ，そこから養《よう》分《ぶん》をとって生《い》きています。

●片方に害をあたえる「寄生」

二種類《しゅるい》の生物《せいぶつ》が、いっしょに生活《せいかつ》をしていながら、片方《かたほう》がもう片方《かたほう》から、栄養分《えいようぶん》をすいとるなど害《がい》をあたえるような関係《かんけい》を「寄生《きせい》」といいます。しかし、栄養分《えいようぶん》をすいとっても、相手《あいて》を殺《ころ》してしまうことはほとんどありません。

↑巻《ま》き貝《かい》のからにありつけないヤドカリは，やわらかな腹《はら》をかくすことができれば，からがまっすぐのツノガイ（上《うえ》）にでも，プラスチックの管《くだ》（下《した》）にでもはいりこみます。

●ヤドカリを貝《かい》がらからだす方法《ほうほう》

ヤドカリのはさみを引《ひ》っぱっても，貝《かい》がらからでてきません。むりに引《ひ》っぱると，はさみをねもとから自分《じぶん》で切《き》りはなして(自切《じせつ》)，貝《かい》がらの中《なか》に引《ひ》っこんだり，腹部《ふくぶ》がちぎれてしまったりします。

上《うえ》の写真《しゃしん》のように，石《いし》か貝《かい》がらを使《つか》って，ヤドカリの貝《かい》がらを何回《なんかい》もたたきつづけます。

はじめ貝《かい》がらの中《なか》に引《ひ》っこんでいたヤドカリも，たまらなくなって外《そと》にでてきます。貝《かい》がらをたたいておいて，ヤドカリが少《すこ》しでてきたときに，ピンセットではさみだす方法《ほうほう》もあります。

ヤドカリは、いつもいい宿《やど》をさがしています。それは、ヤドカリが別《べつ》のヤドカリの貝《かい》がらに自分《じぶん》の貝《かい》がらをぶつけて追《お》いだし、貝《かい》がらをとりかえる行動《こうどう》をみればわかります。では、強《つよ》いヤドカリならば、いつでもいい宿《やど》を手《て》にいれることができるのでしょうか。

そこで、宿《やど》から追《お》いだされた弱《よわ》いヤドカリに、前《まえ》よりもっとよい貝《かい》がらをあたえてはいらせ、強《つよ》いヤドカリには、ぼろぼろの貝《かい》がらをあたえてみました。

この二ひきをいっしょの水《すい》そうにいれると、強《つよ》いヤドカリが弱《よわ》いヤドカリをふたたび追《お》いだしにかかりました。ところがこんどは、弱《よわ》いヤドカリは、貝《かい》がらに引《ひ》っこんだままでてきません。たとえ弱《よわ》いものでも、その貝《かい》がらに満足《まんぞく》していれば、かんたんには外《そと》にでてこないことがわかります。

ヤドカリの実験①

からからだしたヤドカリの前《まえ》に、大《おお》きさのちがう貝《かい》がらを四つならべます。

まず，いちばん大《おお》きな貝《かい》がらの近《ちか》くにヤドカリをおくと，まっ先《さき》に大《おお》きな貝《かい》がらに近《ちか》づき，はいります。

こんどは，小《ちい》さな貝《かい》がらの近《ちか》くにおきます。小《ちい》さすぎる貝《かい》がらには目《め》もくれず，てきとうな大《おお》きさの貝《かい》がらに近《ちか》づき，はいります。

ヤドカリの実験《じっけん》②

①貝《かい》がらからだした数《すう》ひきのヤドカリを、四角《しかく》い容器《ようき》にいれると、どのヤドカリも、容《よう》器《き》のすみっこに身《み》をよせます。まん中《なか》に、小《ちい》さな石《いし》をいれても、関心《かんしん》をしめしません。

②前《まえ》より大《おお》きな石《いし》をいれても、関心《かんしん》をしめしません。大《おお》きな巻《ま》き貝《がい》のからをいれたら、一ぴきが近《ちか》づいてきました。しかし、大《おお》きすぎるのではいるのをあきらめました。

③ちょうどよい大《おお》きさの貝《かい》がらをいれると、さっそく一ぴきがはいります。そして、三つめ、四つめの貝《かい》がらをいれるころから、一つのからをめぐってうばいあいがはじまるようになります。

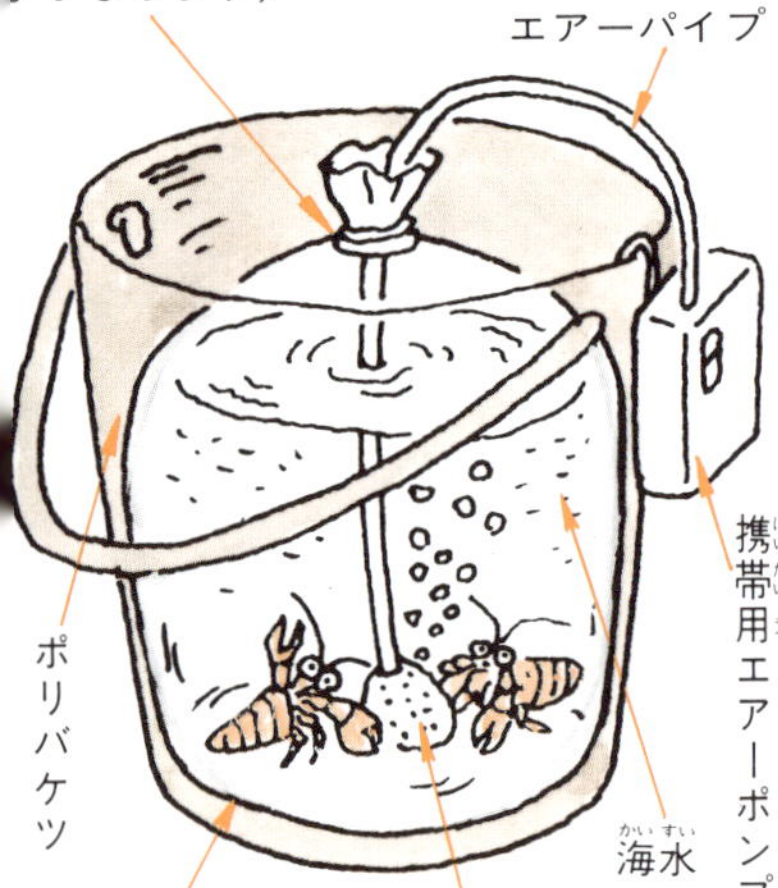
水がこぼれないように輪《わ》ゴムでしばる。
アーポンプがなくても４～５時間《じかん》の距《きょ》
ならもちます）
エアーパイプ
携帯用《けいたいよう》エアーポンプ
ポリバケツ
海水《かいすい》
ビニールぶくろ
エアーストーン

⬆採集《さいしゅう》したヤドカリを持《も》ちかえる方法《ほうほう》。水温《すいおん》や持《も》ちかえる時間《じかん》によりますが，バケツで運《はこ》ぶなら，10ぴきぐらいが限度《げんど》です。

●いそ採集《さいしゅう》にかかせない潮《しお》の干満《かんまん》の知識《ちしき》

潮《しお》の干満《かんまん》の時刻《じこく》は，新聞《しんぶん》のこよみのらん（下《した》）をみます。潮《しお》がいちばん引《ひ》くときが干潮《かんちょう》の時刻《じこく》です。この時間《じかん》から潮《しお》が満《み》ちてきます。いそでの採集《さいしゅう》や観《かん》察《さつ》には，干潮《かんちょう》の時刻《じこく》より２～３時間前《じかんまえ》に海辺《うみべ》に着《つ》いて採集《さいしゅう》にかかればよいのです。

⬆潮《しお》が引《ひ》いた海岸《かいがん》では，ヤドカリだけでなく，さまざまないその生物《せいぶつ》を採集《さいしゅう》できます。

あすの暦

1月6日
（旧　11月17日）
（先　負）

日	出	6•51
日	入	16•42
月	出	18•35
月	入	8•26
月	齢	16•4

横浜港＝大潮

満	潮	6•55
〃		17•33
干	潮	0•00
〃		12•10

ヤドカリの採集《さいしゅう》は、引《ひ》き潮《しお》のときにあわせてでかけるようにします。このときなら、ヤドカリは潮《しお》だまりや、その周辺《しゅうへん》の石《いし》の下《した》にいるので、採《さい》集《しゅう》しやすいからです。

ヤドカリは、だれにでもかんたんに手《て》で採《さい》集《しゅう》できます。そのため、必要以上《ひつよういじょう》にとりすぎてしまいがちです。しかし、採集《さいしゅう》してバケツにたくさんおしこめておいても、時間《じかん》がたつと、海水《かいすい》の温度《おんど》が上《あ》がったり、酸素《さんそ》がなくなったりして、ヤドカリを死《し》なせてしまうので、気《き》をつけなければなりません。

飼育観察《しいくかんさつ》に必要《ひつよう》な数《かず》だけのヤドカリをとったら、海水《かいすい》のはいったビニールぶくろにいれ、輪《わ》ゴムで口《くち》をふさぎます。ビニールぶくろの中《なか》には、携帯用《けいたいよう》のエアーポンプで空気《くうき》を送《おく》るようにすれば、ヤドカリを元気《げんき》なまま、家《いえ》までもち帰《かえ》ることができます。

●潮《しお》だまりで採集《さいしゅう》したヤドカリの飼育《しいく》

えさは、魚《さかな》の切り身《み》、アサリ、シラスボシなど。一度《ど》に食《た》べられる量《りょう》をあたえます。

えさが残《のこ》ったら、すぐにとりだして、海水《かいすい》がよごれるのをふせぎます。

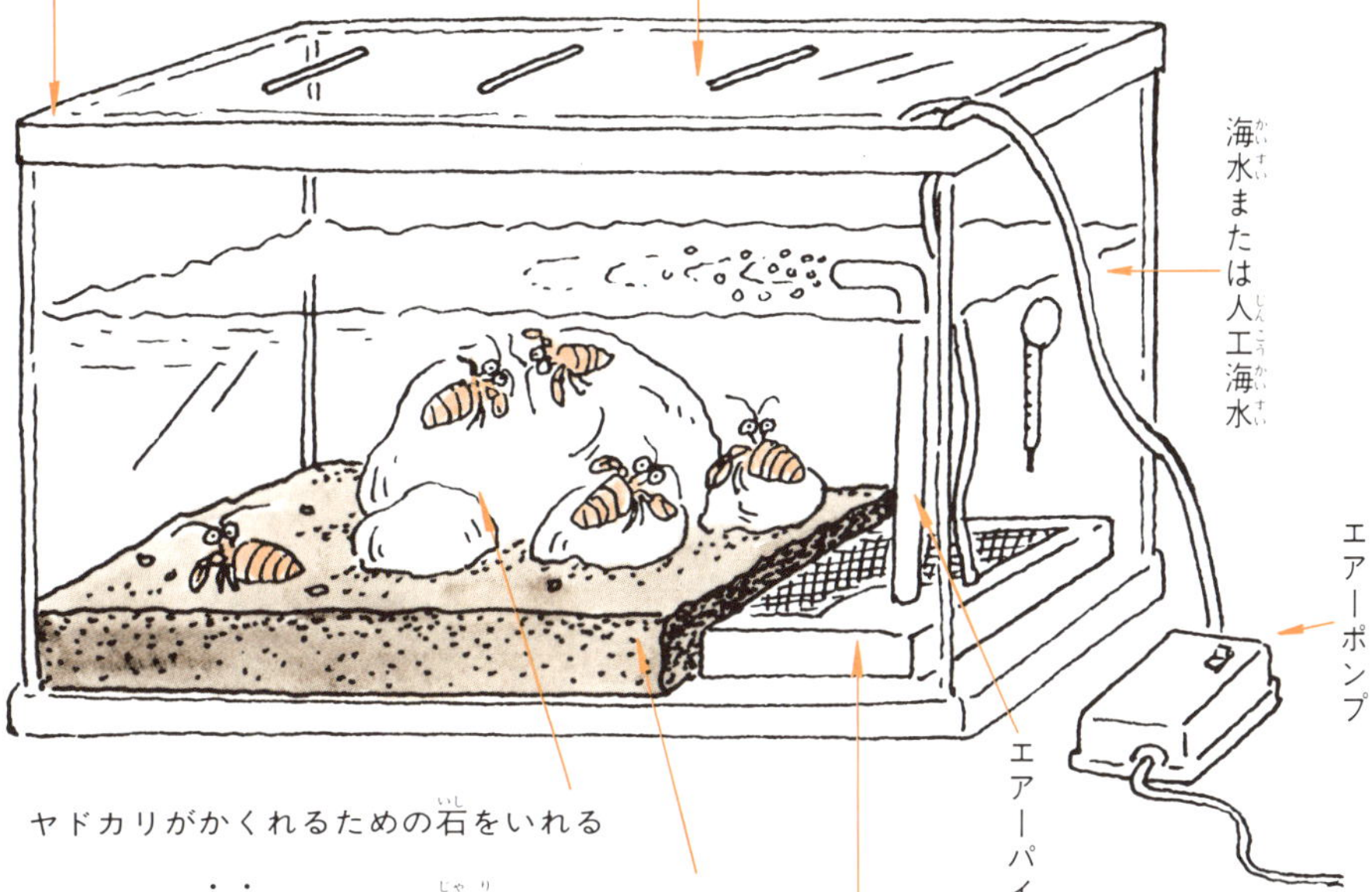

プラスチックわくのガラス水《すい》そう
ガラスまたはプラスチックのふた（海水《かいすい》の蒸発《じょうはつ》や，エアーポンプからのあわがはじけて，外《そと》にとびだすのをふせぐため）
海水《かいすい》または人工《じんこう》海水《かいすい》
エアーポンプ
エアーパイプ
ヤドカリがかくれるための石《いし》をいれる
3～5㎜のつぶのそろった砂利《じゃり》を，3～5㎝しきつめる。
底面《ていめん》ろ過装置《かそうち》（これに，エアーパイプをつなぐ。この方法《ほうほう》で，海水《かいすい》は半年《はんとし》以上《いじょう》ももつ。ただし，水《すい》そうを日光《にっこう》にあてないこと）

●オカヤドカリの飼育《しいく》

ペットショップや縁日《えんにち》で売《う》っているオカヤドカリは、あたたかい地方《ちほう》にすんでいる種類《しゅるい》です。寒《さむ》さに弱《よわ》いので注意《ちゅうい》しましょう。

足《あし》やはさみが完全《かんぜん》で、ひげも切《き》れていないものをえらんで買《か》ってきます。

えさは、リンゴ、キュウリ、キャベツ、魚《さかな》、ごはんつぶなどなんでも食《た》べます。

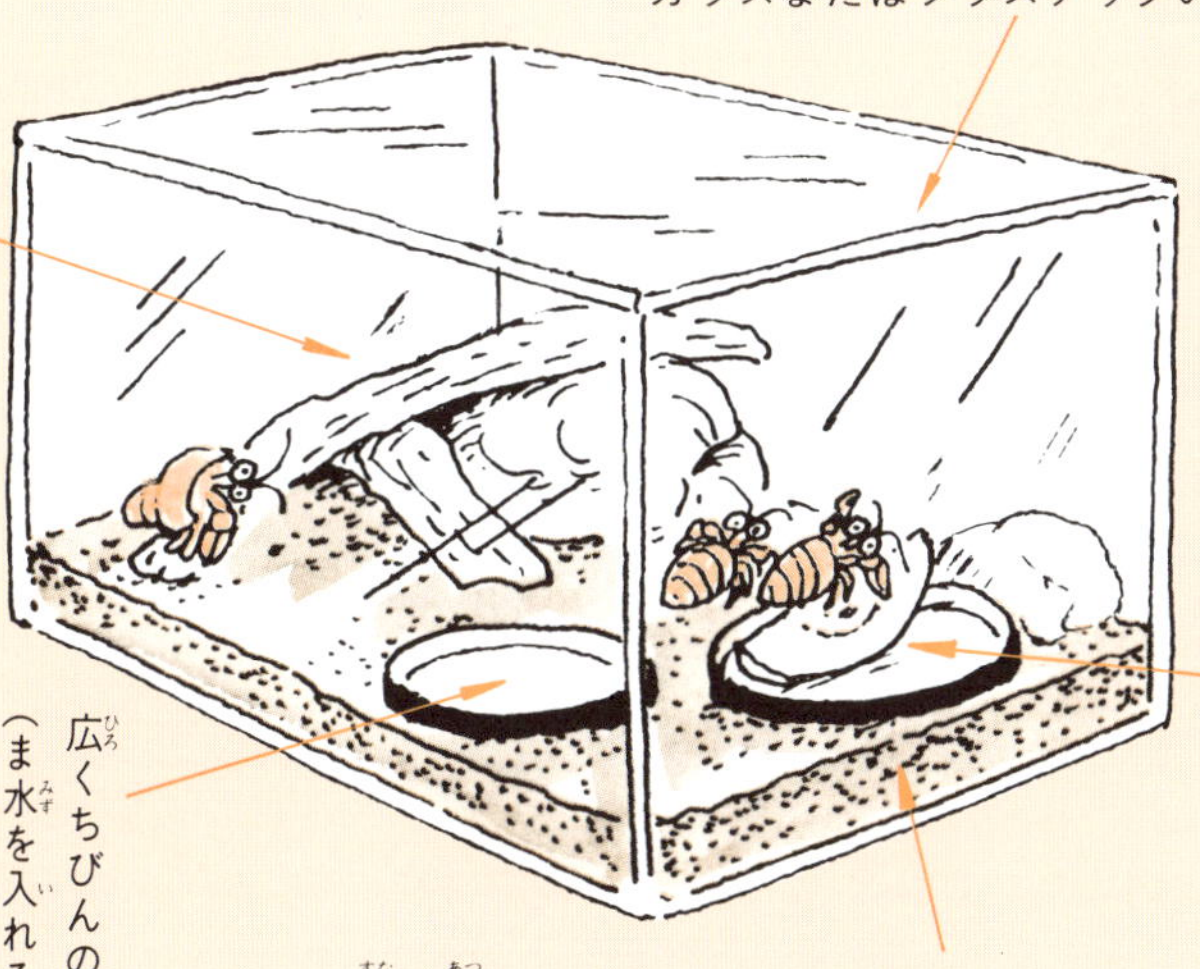

ガラスまたはプラスチックのふた。
石《いし》や木《き》の枝《えだ》をいれておく。かくれ場《ば》になる。
広《ひろ》くちびんのふた（えさをいれる）
広《ひろ》くちびんのふた（ま水《みず》を入《い》れる）
砂《すな》を厚《あつ》さ3～5㎝にしきつめる。

あとがき

十年《ねん》ほどまえ、潮《しお》の引《ひ》いたいそべで撮影《さつえい》の準備《じゅんび》をしていたときのことです。カニのあわのはじけるような音《おと》や、テッポウエビのはさみを鳴《な》らす音《おと》などにまじって、どこからか「カンカンカン」というふしぎな音《おと》がきこえてきました。あたりをさがしてみると、それは足《あし》もとの潮《しお》だまりの中《なか》で、一ぴきのヤドカリが、もう一ぴきのヤドカリに貝《かい》がらをはげしくぶつけている音《おと》だったのです。

しばらくようすをうかがっていると、からをぶつけられている方《ほう》のヤドカリが、からからでてきました。すると、からをぶつけていたヤドカリは、すかさずあいたからに引《ひ》っこしました。いっぽう、追《お》いだされたヤドカリは、追《お》いだしたヤドカリがでたあとの貝《かい》がらにはいりました。

当時《とうじ》、このようなヤドカリの引《ひ》っこしについて、いろいろな本《ほん》を調《しら》べても、なかなか満足《まんぞく》のいく答《こた》えがえられませんでした。それがきっかけで、その後《ご》も、ヤドカリの行動《こうどう》や生態《せいたい》を追《お》いかけて今日《こんにち》にいたりました。しかし、ヤドカリのふしぎについて、まだまだなぞがいっぱいです。これからも、写真《しゃしん》を撮《と》りながら、それらのなぞを追《お》いかけてみたいと思《おも》っています。

本書《ほんしょ》を出《だ》すにあたり、国立科学博物館《こくりつかがくはくぶつかん》の武田正倫先生《たけだまさつねせんせい》に監修《かんしゅう》をお願《ねが》いしました。また佐藤有恒先生《さとうゆうこうせんせい》には終始《しゅうし》ご指導《しどう》をいただきました。ほかにも多《おお》くの方《かた》がたのお世話《せわ》になりました。みなさまに心《こころ》からお礼《れい》を申《もう》し上《あ》げます。

川嶋一成《かわしまかずなり》

NDC485
川嶋一成
科学のアルバム　動物・鳥 20
ヤドカリ

あかね書房 2021
54P　23×19cm

科学のアルバム
ヤドカリ

一九八八年四月初版
二〇〇五年 四 月新装版第 一 刷
二〇二一年一〇月新装版第一一刷

著者　川嶋一成

発行者　岡本光晴
発行所　株式会社 あかね書房
〒一〇一－〇〇六五
東京都千代田区西神田三－二－一
電話〇三－三二六三－〇六四一（代表）
http://www.akaneshobo.co.jp
印刷所　株式会社 精興社
写植所　株式会社 田下フォト・タイプ
製本所　株式会社 難波製本

ISBN978-4-251-03399-4
定価は裏表紙に表示してあります。
落丁本・乱丁本はおとりかえいたします。

○表紙写真
・ホンヤドカリとイソギンチャク
○裏表紙写真（上から）
・貝《かい》がらをみつけ、はさみを使《つか》って大《おお》きさをはかるホンヤドカリ
・ヤドカリのすむ潮《しお》だまりの底《そこ》からみあげたところ
・イソヨコバサミのゾエアの誕生《たんじょう》
○扉写真
・ベニヒモイソギンチャクを貝《かい》がらにつけたソメンヤドカリ
○もくじ写真
・ヤドカリのすむいその風景《ふうけい》

科学のアルバム

全国学校図書館協議会選定図書・基本図書
サンケイ児童出版文化賞大賞受賞

虫

モンシロチョウ
アリの世界
カブトムシ
アカトンボの一生
セミの一生
アゲハチョウ
ミツバチのふしぎ
トノサマバッタ
クモのひみつ
カマキリのかんさつ
鳴く虫の世界
カイコ まゆからまゆまで
テントウムシ
クワガタムシ
ホタル 光のひみつ
高山チョウのくらし
昆虫のふしぎ 色と形のひみつ
ギフチョウ
水生昆虫のひみつ

植物

アサガオ たねからたねまで
食虫植物のひみつ
ヒマワリのかんさつ
イネの一生
高山植物の一年
サクラの一年
ヘチマのかんさつ
サボテンのふしぎ
キノコの世界
たねのゆくえ
コケの世界
ジャガイモ
植物は動いている
水草のひみつ
紅葉のふしぎ
ムギの一生
ドングリ
花の色のふしぎ

動物・鳥

カエルのたんじょう
カニのくらし
ツバメのくらし
サンゴ礁の世界
たまごのひみつ
カタツムリ
モリアオガエル
フクロウ
シカのくらし
カラスのくらし
ヘビとトカゲ
キツツキの森
森のキタキツネ
サケのたんじょう
コウモリ
ハヤブサの四季
カメのくらし
メダカのくらし
ヤマネのくらし
ヤドカリ

天文・地学

月をみよう
雲と天気
星の一生
きょうりゅう
太陽のふしぎ
星座をさがそう
惑星をみよう
しょうにゅうどう探検
雪の一生
火山は生きている
水 めぐる水のひみつ
塩 海からきた宝石
氷の世界
鉱物 地底からのたより
砂漠の世界
流れ星・隕石